国家重点基础研究发展规划项目(G19990437)资助
聊城大学博士基金项目(318051941)资助

关键种鳀鱼食物链氨基酸 $\delta^{13}C$、$\delta^{15}N$ 示踪研究

刘海珍　著

中国矿业大学出版社
· 徐州 ·

内 容 简 介

本书采用活体生物饵料对我国黄东海生态系统食物网关键种鳀鱼食物链的中下营养层次“小球藻→中华哲水蚤→鳀鱼”进行了受控模拟实验研究；重点分析了食物链中饵料与“消费者”之间氨基酸的定量关系，研究了鳀鱼在食性转换(从日清合成饵料到活体中华哲水蚤)过程中肌肉组织的氨基酸组成及含量的变化特征，实验中还观察了鳀鱼与其排泄物之间的氨基酸含量关系；重点分析探讨了食物链营养层次间氨基酸碳、氮稳定同位素的分馏作用。本书的创新之处在于采用“简化食物网”的方法，利用氨基酸碳、氮稳定同位素示踪技术研究复杂食物网主要资源种类营养成分和食物的定量关系。

本书可供从事环境生态营养学工作的相关专业人员参考。

图书在版编目(CIP)数据

关键种鳀鱼食物链氨基酸 $\delta^{13}C$、$\delta^{15}N$ 示踪研究/刘海珍著. —徐州：中国矿业大学出版社，2021.6

ISBN 978-7-5646-5035-3

Ⅰ. ①关… Ⅱ. ①刘… Ⅲ. ①海洋生物—食物链—研究—中国 Ⅳ. ①Q178.53

中国版本图书馆 CIP 数据核字(2021)第 123273 号

书　　名　关键种鳀鱼食物链氨基酸 $\delta^{13}C$、$\delta^{15}N$ 示踪研究
著　　者　刘海珍
责任编辑　何晓明
出版发行　中国矿业大学出版社有限责任公司
　　　　　(江苏省徐州市解放南路　邮编 221008)
营销热线　(0516)83884103　83885105
出版服务　(0516)83995789　83884920
网　　址　http://www.cumtp.com　**E-mail**:cumtpvip@cumtp.com
印　　刷　江苏凤凰数码印务有限公司
开　　本　787 mm×1092 mm　1/16　**印张** 7　**字数** 150 千字
版次印次　2021 年 6 月第 1 版　2021 年 6 月第 1 次印刷
定　　价　42.00 元

前　言

随着对食物网的深入研究，人们认识到确定多重自然和人为压力下的食物网种间物质传递机制，对生态资源评估和可持续利用具有重要的现实意义。

我国黄东海食物网种间关系复杂，食物网物质流动研究工作难度较大，“简化食物网”研究是突破本海区研究瓶颈的重要方式。本书采用“简化食物网”的方法进行了食物链主线物质传递的研究：以关键种为核心构建模拟食物链主线，在此基础上探讨模拟食物链主线生物组分氨基酸营养成分及其碳、氮稳定同位素组成的变化，以了解黄东海食物网关键种营养物质传递主线的氨基酸营养流动特征。本研究采用受控生态实验与室内实验相结合的研究手段，进行了“小球藻→中华哲水蚤→鳀鱼”关键种食物链的模拟研究。

在食物链中，中华哲水蚤将小球藻的植物性蛋白转化为动物性蛋白，并显著提高了氨基酸总含量。作为黄东海食物网的优势种和主要经济鱼类的饵料，鳀鱼的多数非必需氨基酸含量低于中华哲水蚤，而多数必需氨基酸含量高于中华哲水蚤。营养层次间氨基酸相对组成存在明显的相关性，必需氨基酸之间相关性相对更强。食物链生物组织整体 $\delta^{13}C$ 呈富集趋势；必需氨基酸 $\delta^{13}C$ 在营养层次间分馏很少或没有分馏，营养层次间必需氨基酸 $\delta^{13}C$ 值之间具有较强的线性关系（r^2 接近于 1），表明食物链消费者必需氨基酸直接来自饵料蛋白质。非必需氨基酸 $\delta^{13}C$ 在食物链营养层次间的分馏作用非常明显，$\Delta^{13}C$ 值显著偏离 0‰，非必需氨基酸 $\delta^{13}C$ 值在营养层次间均具有显著弱相关性。食物链中整体 $\delta^{15}N$ 与氨基酸 $\delta^{15}N$ 随营养层次升高均呈富集趋势，营养层次间氨基酸 $\delta^{15}N$ 分馏作用明显，$\Delta^{15}N$ 值显著偏离 0‰。必需氨基酸 $\delta^{15}N$ 在三个营养层次间均具有密切相关性，必需氨基酸之间分馏模式相近。由必需氨基酸 $\delta^{15}N$ 和 $\delta^{13}C$ 的含量特征得知，食物链中必需氨基酸的 $\delta^{13}C$ 比 $\delta^{15}N$ 更加稳定、一致。通过对比非必需氨基酸的 $\Delta^{15}N$ 值和 $\Delta^{13}C$ 值，可知中华哲水蚤自身合成某些非必需氨基酸的趋势明显，而鳀鱼从中华哲水蚤直接移动某些非必需氨基酸的趋势明显。

本书的出版得到了国家重点基础研究发展规划项目(G19990437)、聊城大学博士基金项目(318051941)的资助，研究工作得到了国家自然资源部第一海洋研究所蔡德陵研究员的悉心指导，在此一并表示感谢！

由于著者水平有限，书中不当之处在所难免，敬请广大读者批评指正。

著　者

2021 年 5 月

目　录

第1章 绪 论

稳定同位素研究方法是采用质谱仪测定分析同位素的比值信息，利用同位素分馏效应研究相关问题的方法。越来越多的研究者[1-3]认为，碳、氮稳定同位素示踪作为有效的技术手段在食物网生态学研究中有着广泛的应用。早在1947年，Urey[4]发表的关于论述同位素热力学性质的文章就奠定了现代同位素生态动力学研究的基础。随后，Nier[5]设计出了可以鉴别测定同位素丰度微小差异的质谱仪。在此基础上，科学家们进一步改进了质谱仪器，对操作技巧也做了科学的安排，使稳定同位素示踪逐步成为一种具有独特优势的分析方法。稳定同位素研究在1960年左右获得重大突破。Park等[6]和Abelson等[7]几乎同时确定了通过光合作用还原二氧化碳的过程，由此认识到利用稳定同位素可以对生物新陈代谢的产物在不同程度上进行示踪研究，两位开拓者均认识到这一结论对碳素的生物合成途径和物质循环研究的重要性。稳定同位素研究方法在经历了示踪过程分子反应相对速率、同位素分馏机理等机制的探讨后开始转向研究具体的生物地球化学问题[8-10]，其研究范围从宇宙化学到古气候学、从地幔地球学到海洋学以及生态环境领域等。

随着经济的高速发展，人类也面临着一系列的重大生态环境问题，如温室效应、土地荒漠化、物种消失、水资源匮乏等，这涉及发生在全球系统中相互作用的物理、化学、生物过程。目前，准确认识和治理生态环境变化是科学家面临的重大课题，由此产生了众多环境治理研究的重大计划，涉及海洋、陆地、大气、地表径流的各个领域，对全球河流、湖泊、海洋的C、N、P、S等生源要素的研究尤为突出。其中，人们认识到海洋多样性的运行过程与海洋生物资源变化密不可分，二者交互关系的研究基本是空白，因而对海洋生物资源可持续发展的研究更显得尤为重要，注入新技术、多学科交叉是研究海洋生态系统食物网的生长点，碳、氮稳定同位素($\delta^{13}C$、$\delta^{15}N$)示踪方法正是应这种需求而进入海洋生态学研究领域的。无论国际还是国内，碳、氮稳定同位素应用于生态系统的研究均起步较晚，直到 20 世纪 60 年代末期，稳定同位素才被应用于生态系统能量流动、生态系统功能与结构、生物食性趋势及食物来源等研究领域。从海洋学与生态学角度对近海生态食物网开展全面的研究，科学认识近海生态系统的功能、结构及其动态变化机制，健康合理地利用海洋资源，对解决海洋可持续发展中的生态环境问题具有重要的科学意义。

饮食关系是海洋生态系统中功能和结构的基本表达方式，底层生物的初级产能沿食物链传递到食物网并逐步转化为各营养层次的生产力，最终变成生态系统的资源产量，物质传递的健康程度影响着生态系统的产出和资源生物种群的动态。食物网全程研究主线正是应这个需求而被提出的研究方式，以让人们更加清楚地认知我们周围的海洋生态系统。食物网全程主线的研究方式在全球越来越多，在依托食物网全程研究方式的基础上更加突出关键种为核心的食物链主线研究。我国黄东海生态系统生物多样性程度高、优势种非常明显，该生态系统食物网研究工作量巨大，存在难于捋清食物网各营养级之间的营养关系等问题。生态系统关键生物类群的物质传递研究是认识该海域生态系统生产及其生物资源动态变化的关键过程，目前在本海区此类工作开展较少。

随着天然碳、氮稳定同位素技术在生态学领域研究的深入及稳定同位素检测技术的迅速发展，人们逐渐认识到整体碳、氮稳定同位素在营养生态学研究中的局限性，由此采用生物体化合物稳定同位素技术的食物网应用研究在国际学术界逐步受到广泛关注。把分子级碳、氮稳定同位素引入食物网关键种及功能群之间的物质传递研究，为了解生物间生源要素的更新与循环对食物网的支持功能具有重要的科学意义，更有助于人们了解食物网生源要素转化的关键动力学过程对食物产出的调节功能。

1.1 黄东海海洋食物网研究概况

黄东海生态系统生物多样性强、优势种生态功能显著、食物网结构复杂，是我国重要的海洋生态系统。该海域具有宽阔的大陆架，孕育出多个丰产渔场，在东海海域生存着700多种鱼类，渔业捕捞对象高达200多种；黄海有鱼类近300种，渔业捕捞对象多达100多种[11]。该海域既具有半封闭系统的特点，同时又是开放的海洋系统。随着经济的发展，黄东海食物网面临着巨大的危机，如海洋污染加重、过度捕捞现象严重、某些传统优质经济鱼类资源大幅度减少、低价值鱼种数量呈增加趋势等。近年来，研究者们逐渐认识到该海域的科学性问题明显，由此黄东海逐步成为受国内外高度关注的综合性研究热点海域。目前，黄东海生态系统功能、食物网结构及受控机制方面的研究报道很少。食物网物质传递的定量关系、生物食性转换关系、食物网能量流动机制与营养质量等都属于黄东海海域生态系统亟待解决的生态问题。

1.1.1 黄东海生态系统食物网关键种——鳀鱼

鳀鱼是以浮游动物为食的海洋中上层小型鱼类，属于鲱形目、鳀科、鳀属，俗名离水烂。在全球鳀属中共有8个种类，我国黄东海海域的鳀鱼类属于日本鳀，该鱼种个体普遍较小，较大的成鱼重约10 g，体长为10 cm左右。鳀鱼的寿命约为3年，1年龄即成熟，生殖期群体以1～2年龄鱼为主，每年繁殖1次，繁殖期为5—8月，繁殖盛期为5—6月。鳀鱼是重复性生殖周期类型的鱼类，其生殖群体既有补充群体又有剩余群体。南黄海是鳀鱼的主要产卵场和育肥场之一，每年5—6月份大批鳀鱼聚集到南黄海产卵繁殖[12-15]。

在黄东海生态系统渔业资源食物网中，鳀鱼隶属于初级肉食浮游动物。根据营养分级，鳀鱼隶属于第三营养层次，在黄东海捕食食物网物质传递过程中起着承上启下的关键作用，是40多种上层鱼类捕食者的饵料鱼种类群，属于小型鱼类中的优势种类。近年来，针对鳀鱼的研究越来越受关注，如国家“973”项目“东、黄海生态系统动力学与生物资源可持续利用”选择了“浮游植物中华哲水蚤→鳀鱼→蓝点马鲛”等关键种食物链作为课题的研究主线，为解决制约该海域复杂食物网研究的瓶颈问题提供了科学方法依据[11]。

1.1.2 黄东海生态系统食物网关键种——中华哲水蚤

中华哲水蚤属于节肢动物门，身体呈长筒形，体长一般仅2～4 mm。中华哲水蚤在日本海、渤海及黄东海海域分布较广，属于浮游动物中的优势种类。中华哲水蚤作为从基础生产者到高层捕食者的中间环节，在黄东海生态系统的能量转换和物质流动中起着承上启下的关键作用，它下行控制初级生产者，上行控制上层捕食者，其种群变动在一定程度上决定着黄东海生态系统渔业资源的补充能力。“东、黄海生态系统动力学与生物资源可持续利用”项目确定中华哲水蚤为研究海区生态系统的主要关键种，将中华哲水蚤种群动力学和它的补充机制作为重点解决的关键科学问题。在全球海洋生态系统动态研究计划（GLOBEC）中，也将中华哲水蚤作为海洋浮游动物的关键种类进行深入研究[11]。

1.2 简化食物网研究

生物通过食物关系构成了食物网，食物关系也是海洋生物结构和系统功能的表达形式，各营养层次的生物生产力通过食物链构成的食物网进行能量转化，最终得到生态系统的资源产量，食物关系对关键资源生物种群的产出动态产生了长远的影响。由此，以关键种为研究核心的理念逐渐成为海洋食物网物质转化研究的最新发展趋势[11]。随着 GLOBEC 在我国的开展，基于东海、黄海、渤海等海洋生态系统的生态动力学研究在我国逐步展开。在“东、黄海生态系统动力学与生物资源可持续利用”及“我国近海生态系统食物产出的关键过程及其可持续机理”等课题的支持下，我国海洋科学专家对中国沿海生态系统食物网关键种的摄食食性、生物生态特性和资源种类利用价值等进行了广泛的研究。例如，张波[16]对中国近海食物网及鱼类营养动力学关键过程进行了初步研究；薛莹[17]针对资源优势种类的摄食生态和鱼类食物网进行了研究；郭旭鹏等[18]采用碳、氮稳定同位素技术对黄海中南部鳀鱼的食性进行了研究。

在国内，由于食物网复杂性这一瓶颈问题，对食物网的食源、物质传递机制等的报道还很少。随着研究的深入，人们逐渐认识到确定资源生物营养层次间物质关系的重要性，即确定种间食物关系是开展复杂食物网科学研究的根本。只有揭示了营养层次间生物的物质传递机制和特征，才能更准确地对生态系统生物资源进行正确的评估，以帮助人们采取更有效的措施对生态系统进行科学开发和可持续性的利用。在我国近海，营养层次较高的生物通常呈现多种类特征，主要是因为高层次鱼类种类繁多、组成复杂，而造成物质流动呈现多通道化，导致食物网种间关系和能量传递关系非常复杂，这也加大了研究工作的难度，因此，在海洋食物网、生态营养动力学及渔业资源利用研究中需要进一步简化食物网，以各营养层次关键种为核心，以关键种食物链主线作为研究对象，对生物间物质传递机制展开研究，这样更能突破海洋食物网研究的瓶颈。在研究过程中，可将食物网中处于同一营养位置的所有生物作为一个营养层次来对待，即同一"营养级"[19]。营养级是检测和评估海洋生态系统生物多样性、物质传递、能量转化机制、渔业可持续发展和生物资源功能动态的重要指标[20]。营养级之间消费者与食物的关系即是食物网物质传递的表达方式。面对复杂的海洋生态系统食物网，可以找出食物链主线的各个营养级，研究高营养级与低营养级之间的物质传递机制，大幅简化海洋生态系统食物网研究的复杂性，突出主要资源种类的营养成分和食物质量的关系，即"简化食物网"研究法[11,20]。20 世纪 70 年代，国外渔业生态、渔业经济和渔业资源管理等监测机构逐渐通过简化食物网监测营养级之间的食物关系，并开始对食物网物质传递、食物网结构和功能等进行系统的研究[11,21]。1974 年，Steele[22] 对以往海洋生态系统食物网的研究结论进行了系统分析，总结了应用"简化食物网"的方法对关键种远东拟沙丁鱼、乌鳢、热带海洋食物链和北海生态系统食物网的研究结论，并根据北海食物网主要生物种类和初级生物生产量及鱼类的产量绘制了北海食物网图[23]，如图 1-1、图 1-2 所示。

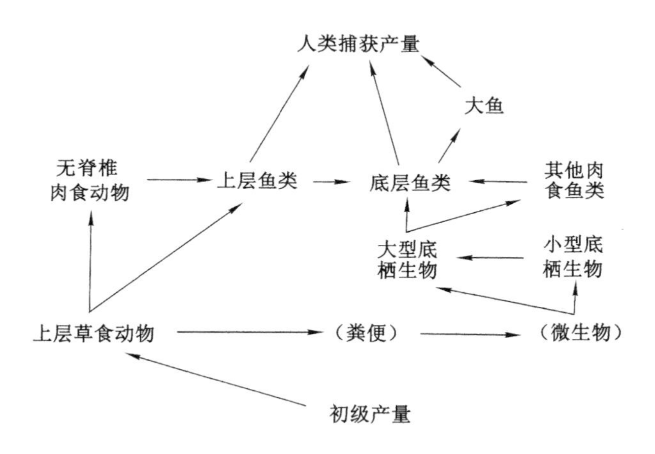

图 1-1　根据生物类群绘制的北海食物网[23]

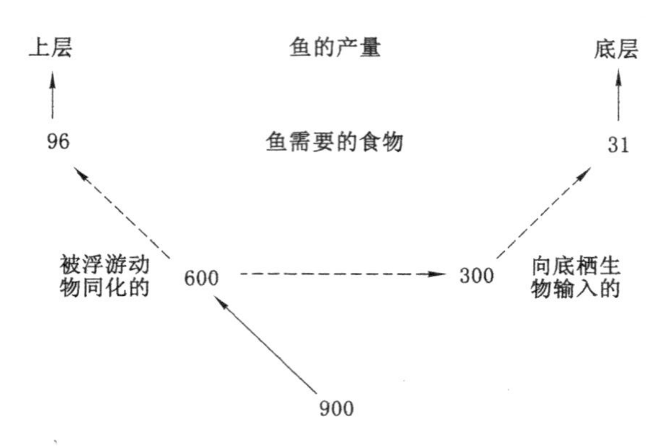

图 1-2 根据初级生产及鱼的产量绘制的北海食物网[23]

Steele将生物种类仅划分到几大类,比如划分为小型底栖生物和大型底栖生物等,并在研究中划分了两条营养物质传递路线;将海洋食物网和陆地食物网进行了比较,发现陆地食物网初级产能远高于海洋,海洋初级产出转化效率高于陆地;还得出海洋食物网具有独特的物质控制机制的结论。

1.3 我国海洋生态系统生源要素传递研究

食物网能量与物质流动依赖于生物资源种群(包括游泳动物、浮游动物、微生物和浮游植物)的结构及其生产效率和转换功能。唐启升等[11]在《中国海洋生态系统动力学研究Ⅰ.关键科学问题与研究发展战略》一书中指出,食物网物质传递功能机制研究中包含许多科学问题:关键种群之间食性互动关系及其饵料生物资源种在食物产出中的作用;浮游动物与初级生产者的物质传递互动关系及其物质转换机制;对食物网饵料营养质量变化产生的响应机制及其食性转换效率;食物特殊营养的形成机制等。在海洋食物网中,生物间营养物质的转化、合成状况等通常以种间食物关系来表达,这些问题的解决必须依赖于种间食物关系的研究,同时也是基于食物网生源要素传递的科学探索[24]。

因为客观条件的限制,在自然环境中对海洋食物网进行物质传递研究非常困难,比如在海洋食物网研究中,直接进行生物摄食观察难以实施,样本的采集工作难度很大。传统食物关系研究主要采用“胃含物法”。一些研究者认为现场胃含物法更接近自然状态，数据会更加准确，但存在现场实验操作性差等局限性因素。迄今为止，国内外采用该方法得到的海洋食物网生物学参数非常稀少，而且采用胃含物法进行食物关系研究时，不能反映出长时间内食物在消费者体内经历了代谢吸收后长期累积的结果[25]，说明传统胃含物技术在食物关系研究中不能满足科研发展的需求，急需新技术的支持。人们逐渐认识到稳定同位素技术正好可以弥补胃含物法的不足，由此，稳定同位素技术被广泛应用于海洋食物网的食物关系研究之中[18,21,26-28]。

近年来，研究者逐渐发现组织整体稳定同位素法在生物食物关系分析中有待进一步提高研究的准确性。在国外，分子水平的稳定同位素技术(CSIA)在海洋食物网物质传递关系中的应用研究报道逐渐增多，但是国内的相关研究报道却非常少。崔莹[29]对黄海的三种大型水母——沙海蜇、海月水母和霞水母以及对长江口附近水域不同洄游阶段的凤鲚，对海南东部河口的鱼类和底栖动物分别进行了碳、氮稳定同位素和脂肪酸组成的分析，基于这些生物体的脂肪酸组成特征和碳、氮稳定同位素值，分析了多种群食物网物种间的物质传递状况，总结出了脂肪酸标志物应用于食物网物质传递研究的有益科学经验。王娜[30]测定了长江口及相邻海域内多种生物样品的脂肪酸碳稳定同位素比值，进一步讨论了食物网关键生物种类间的摄食关系。

1.4 碳、氮稳定同位素在海洋生态系统中的应用

稳定同位素技术同时具有整合、示踪和指示等功能，而且结果比较准确，在生态学研究中有着比较广阔的应用前景，经常被用来进行生物要素循环及其与环境变化的关系等研究当中。近年来，稳定同位素技术逐渐成为认识食物网功能动态变化的重要研究手段之一，越来越多的研究者利用稳定同位素技术指示生态系统食物网营养元素的变化规律，作为了解生物与生存环境相互关系的有效工具。迄今为止，稳定同位素技术解决了多种其他方法不能解决的生态学问题。

1.4.1 碳、氮稳定同位素的基本概念

核外电子和原子核组成原子，质子和中子组成原子核，在自然界中质子数相同、中子数不同的原子被称为同位素。按稳定性大小，同位素被分为稳定性同位素和放射性同位素。放射性同位素会自发进行核蜕变反应，而稳定性同位素不会自发进行核蜕变反应。一般元素包含两种或者两种以上同位素，其中稳定性同位素是天然存在的，不具有放射性，可以在自然状态下进行研究。稳定性同位素之间化学性质差别不明显，但是因为在质量上有差异，导致某些性质存在细微差别(比如分子键能、传导率、分解速率及生化合成等方面存在微小差异)，而使反应物和生成物在同位素组成上有差别[31]。在自然界中稳定同位素含量极低，采用绝对量来比较同位素差异很困难，在国际上，得到大家公认的是采用相对量表示同位素富集程度，公式表示为：

$$\delta X(‰) = [(R_{Sam} - R_{Std})/R_{Std}] \times 1\ 000$$

式中，R_{Sam}是样品中元素的重轻同位素丰度之比，如$^{15}N_{Sam}/^{14}N_{Sam}$；$R_{Std}$是国际通用标准物的重轻同位素之比，如$^{15}N_{Std}/^{14}N_{Std}$。$\delta X$ 值为正时，样品中重同位素含量大于标准物质该同位素含量，即可以说样品比标准“重”；当 δX 值为负时，即样品比标准“轻”[32-34]。稳定同位素分析要选择合适的标准物质，以保证分析结果的可比性和准确性[23]。

碳元素和氮元素分别有两种中子数不同的稳定同位素，即^{12}C 和^{13}C、^{14}N 和^{15}N，其中重同位素(^{15}N、^{13}C)在生物体内的含量非常低。

1.4.2 碳、氮稳定同位素技术在海洋生态系统中的应用

碳、氮稳定同位素技术的安全、稳定且对自然无干扰性的优点使其成为了解海洋生态系统动态变化的重要研究手段。目前，碳、氮稳定同位素技术在海洋生态系统的研究内容主要包括以下几个方面：

(1) 碳、氮稳定同位素技术在物质循环和溯源中的应用

① 碳、氮稳定同位素技术可以用来指示物质的来源。20 世纪 70 年代以来，生物体内的碳、氮稳定同位素比值即开始被用于海洋食物网的食物来源研究。在海洋食物网内，有机生物组分主要来自底栖藻类、浮游植物及部分水生植物等，这都属于初级生产者的生产产能，可以利用稳定同位素对初

级产能进行追溯，以了解食物网能量传递的贡献在遭受空间异质性、消化程度的影响后的动态变化。其中，碳、氮稳定同位素对示踪和区分碳素和氮素物质的来源有重要的指示作用。余婕等[35]利用碳、氮稳定同位素示踪技术分析了长江口崇明东滩的大型底栖动物在夏季不同生境中的食物来源，分析结果表明湿地中优势植物种类的活体植物不是这些大型底栖动物的重要食物源，而沉积物中的有机质才是大多数大型底栖动物的食物供给源。蔡德陵等[36]通过碳稳定同位素技术分析研究了崂山湾海域生态系统食物网，同时将该生态系统水生食物网与底栖海洋食物网的碳稳定同位素的分布状况和国外多个海域的生态系统食物网做了对比分析，研究结果表明崂山湾海域生态系统食物网生物碳稳定同位素比值的组成特征和国外多个海域的生态系统食物网碳稳定同位素的分布特征相近，结果显示碳稳定同位素值随纬度不同有一定的差异，比如处于北极格陵兰岛附近海域的碳稳定同位素值是比较大的负值，而赤道国家马来西亚近岸海域生态系统食物网的碳稳定同位素值则显示出富集度比较高；同时指出在不同的生态系统中，有机颗粒物（POM）与底栖种群的杂食性海洋动物的碳稳定同位素比率的变化均具有相似性。

② 碳、氮稳定同位素技术在食性分析中发挥了重要作用。食物中碳、氮稳定同位素组成与动物机体内碳、氮稳定同位素组成是相对应的，食物中同位素的变化会很明显地引起动物机体内稳定同位素的变化，由此对动物机体内组织或器官与其摄取的食物碳、氮稳定同位素比值进行比较，即可用来推测动物的食性情况。动物在摄食后，对食物要进行一定时间的同化作用，动物机体内的碳、氮稳定同位素的变化情况可以反映动物当时一个时期或者更长一段时间内的食性信息[23,25]。彭士明等[26]对东海的银鲳类及它们可能摄食的饵料分别进行了碳、氮稳定同位素分析，根据消费者机体稳定同位素的组成特征与饵料中稳定同位素组成特征相对应的原则，推断出银鲳类的饵料可能包含虾类及头足类、箭虫、水母类等浮游动物。

（2）碳、氮稳定同位素技术在生物种属位置及营养结构中的应用

已有许多研究报道表明，动物组织或器官与食物中的氮稳定同位素组成特征之间存在一定的规律，即在食物网中每经过营养级的跨越，稳定同位素比率的增加值相对固定，利用这样的规律，研究者们对多个海洋生态系统的生物种进行了营养级划分。杨国欢等[37]于 2006 年 9 月至 2007 年 8 月

间，在徐闻珊瑚礁保护区海域采集了鱼类等生物样本，采用碳、氮稳定同位素技术进行了鱼类营养层次的划分研究，在此基础上对一年四季分别捕获的 7 种鱼类做了营养级分析比较，建立了徐闻珊瑚礁海洋生态系统食物网的营养结构层次图，并对该海洋系统食物网物质和能量流动途径进行了阐述，研究中将徐闻珊瑚礁保护区海域的鱼类依据水层深度进行分类，依次可分为中下层鱼类、中上层鱼类和底层鱼类。底层鱼类包括中华海鲇、匀斑裸胸鳝等近 70 种，占比在鱼类中超过一半；在中下层的鱼类包括龙头鱼、沙带鱼、大黄鱼等，多达 35 种；中上层的鱼类主要是裘氏小沙丁鱼、银鲳等 30 多种。消费者与摄食饵料的稳定同位素比值随营养级升高会出现递增的现象，在稳定的饮食环境中，富集量也相对固定[23]，根据这个富集规律可以评价营养级的能量和物质传递情况，为进一步评估生物的营养状况和食物网的健康程度提供研究依据，如果在此基础上再结合传统胃含物食性分析，即可得出食物网生物资源种类的营养关系与食源及栖息地的重要生态信息[38]。食物网生物中氮稳定同位素分馏状况会受到食源和生物自身新陈代谢等多方面的影响，在生物体中的生理转化和代谢过程中均会引起氮稳定同位素的分馏效应，从而促使氮稳定同位素进一步在生物机体内得到富集。在食物网营养级之间，这种富集作用会逐级进行，最终产生了在各个营养级之间均存在的氮稳定同位素的富集效应。卢伙胜等[39]对雷州湾附近海域主要优势种鱼类进行了氮稳定同位素的比较分析，测量了雷州湾附近海域共 60 多种鱼类和个别特殊生物种类样品的氮稳定同位素比值，最后根据氮稳定同位素的分馏特征，应用食物网营养级计算模型对研究海域的海洋鱼类所在的营养级进行了划分。

(3) 碳、氮稳定同位素技术在海洋生物洄游示踪研究中的应用

碳、氮稳定同位素在淡水水域生态系统与海洋生态系统生物中的组成特征具有明显的区别，在通常情况下，重稳定同位素在海洋生态系统中的含量比较高，淡水生态系统的重稳定同位素含量相对较低。除了不同的生态系统之间的同位素比率存在差别外，某些生态系统内的局部生态系统之间也会存在稳定同位素比值差异。生态系统之间或生态系统内部食物网之间稳定同位素的差异会相应地出现在其区域内生物机体的器官或组织中，而且稳定同位素会随着生物自身的生理机能变化产生动态变化，当生物在两个稳定同位素比率显著不同的食物网之间进行洄游时，生物体会带着前一

个食物网的稳定同位素比率信息进入新的食物网[40]。目前以此为依据，采用碳、氮稳定同位素技术进行生态系统间生物洄游示踪的研究很多，主要涉及咸水水域与淡水水域生态系统、近岸海域与远海海域生态系统、陆地河流与海洋生态系统、海洋水域与沼泽地生态系统、入海河口生态系统与近海生态系统等。Gu 等[41]研究分析了墨西哥海湾鲟鱼在河流中和海洋食物网中的碳稳定同位素的变化状况，同时分别研究了该鱼类在海洋食物网中的食源与河流中的食源，发现鲟鱼肌肉中和淡水中饵料的碳稳定同位素比值差别非常大，因而得出墨西哥海湾鲟鱼在洄游到河流时食物需求量比较小的结论。Fry[42]首次使用碳稳定同位素技术对棕虾在碳稳定同位素富有的近海水草区域与碳稳定同位素贫化的外海浮游植物区域之间的洄游进行了研究。

(4) 碳、氮稳定同位素技术在海洋环境监测方面的应用

由于近海海域承纳了许多城市污水和海洋养殖污水及受到人类其他的干扰性活动影响，而造成近海生态系统健康程度日益下降，尤其是近海海域生态系统富营养化环境问题愈加严重。近年来，研究者发现碳、氮稳定同位素示踪技术逐渐成为发现海洋生态系统中营养物质输入与利用的独特技术，如通过海洋生态系统中海草的氮稳定同位素的比值，能科学快速地解释人类活动对近海海域生态系统的影响效应[43-44]。当前，人们对海洋近岸生态系统的污染监测很大程度上还是依赖于一般的传统方法，包括物理化学处理法和生物处理方法等，如通过监测氮盐、磷酸盐、叶绿素、有机活性营养大分子、环境激素和酸碱度等指标了解海洋环境状况[45]，但是由于海洋生态系统自身受到水流扩展和潮流的影响很大，同时，海洋生态系统的水生植物和浮游植物等对污染物质和营养盐的吸收量较大的现象也会限制污染监测的稳定性及准确性[46-47]，因此传统监测手段具有很大的局限性。

海洋生态系统内不同含氮化合物的本底值有所不同，由于人类活动进入海洋的氮稳定同位素比值与海洋水体中氮的同位素比值有明显差异，当人们监测 TOM、藻类、浮游动物、脊椎动物鱼类和 POM 时，发现不同类别样品中的氮稳定同位素的释放量也有明显的区别[48-50]。人类引入海洋生态系统的氮稳定同位素明显高于海洋生态系统原生样品的背景值，通过比较人类排放物与海洋原生样品的氮稳定同位素比率，可以解释人类活动对近海海域富营养化造成的危害程度[51]。有的研究者认为，污染物的碳、氮稳定同

位素的组成特征可以沿着食物网营养级进行传递，会逐级传递到高级消费者生物机体内，比如某些水体中初级消费者的氮稳定同位素被用来反映被污染后的水体氮稳定同位素特征，并通过氮稳定同位素示踪技术证明了该水域的污染程度与附近人口数量存在显著的正相关性[50,52-53]。碳、氮稳定同位素技术也可以很好地应用于生态系统污染物示踪及污染物生物放大作用研究。碳、氮稳定同位素是非常行之有效的污染源示踪剂，它在特定碳、氮污染源中分布特征固定，而且具有准确可靠的分析结果，在污染物的迁移和转化中一般不易产生显著的变化，所以目前稳定同位素示踪技术也被逐渐地应用在污染物溯源和环境污染纠纷仲裁等项目中。蔡德陵等[54]指出，氮稳定同位素可以应用于海洋食物网中 DDT、氯丹和多氯联苯(PCBs)等有机氯污染物随食物链进行生物放大作用的研究，并且指出如果疏水性污染物质进入食物链，此时食物链长度和组成会影响此种污染物质的生物放大效果，一般认为生物机体内污染物质的浓度水平和通过氮稳定同位素比率划分的食物网生物营养级地位显著相关。

(5) 碳、氮稳定同位素技术在生态系统稳定性研究领域中的应用

海洋生态系统蕴藏着丰富的自然资源，一个稳定的生态系统应该是一个具有完善的复杂结构、营养物质传递比较通畅的生态体系。全球变化研究计划中的国际地圈生物圈计划(IGBP)将生态系统稳定性研究作为重要内容[55]。目前，人类的不合理开发与利用导致海洋生态系统面临着严重的环境危机。在海洋生态系统的食物网中，关键种食物链的稳定性为海洋生态系统的资源产出提供了强有力的保障，生态系统的稳定性变化状况是通过食物网营养级种属间营养质量状况来反映的，营养级的变化反映了生物食性的转化，生态干扰往往造成食物网物质从初级生产者到消费者的流动途径发生改变[56]。通过测量碳稳定同位素比值可以对一个海洋生态系统主要的初级生产能力做定量的评估，为食物网中的关键种提供准确的生态功能数据。当前在人类活动严重威胁海洋生态系统的情况下，碳、氮稳定同位素技术对进行海洋食物网关键种食物链的稳定性研究提供了有效手段，该技术的应用对科学评估和保护整个海洋生态系统的稳定性具有重要的科学意义。Wainright 等[57]对美国乔治浅滩食物网底层的 7 种鱼类样品的鱼鳞做了碳、氮稳定同位素比值分析，目的是分析该食物网结构和功能的长期动态变化。黑线鳕的营养级在 1929 年到 1987 年间发生了重大变化，降低了 2/3

个营养级，其碳稳定同位素比值在1929年到1960年间下降了0.15%，1960年后又开始增加。研究表明了该食物网底层鱼类产能的变化，反映了同位素比值随着环境和近岸人口密度的改变而发生波动，表明该地区人类对海洋生态系统的干扰性很大。他们指出，所研究鱼类的食性改变是长时间演化的结果，鱼类在食物网中的营养位置发生的变化很可能对很多演变中的食物网来说是普适规律。McClelland等[58]在研究中指出，养分富集的污水通过人类活动排入近岸海域，导致了近岸水域富营养化。他们通过采用氮稳定同位素比值示踪氮的转移规律，对比食物网生物（包括底栖动物、浮游植物、水生植物和鱼类）体内氮稳定同位素的变化，指出近岸污水导致了河口近海食物网中物种组成和数量的重大变化，沿岸污水严重破坏了海洋生态系统的稳定性，并指出在研究关键种对物质的传递过程时必须仔细研究其在该食物网中所处的营养位置，这一点对进行复杂食物网的稳定性评估工作尤为重要。

1.5 单体氨基酸碳、氮稳定同位素在营养生态学领域的研究

1.5.1 氨基酸简介

(1) 蛋白质的概念

蛋白质是生物体结构的主要组成物质，是生物体内参与代谢活动的主要活性物质，也是组织进行更新和修补的物质基础。构成蛋白质的基本单位是氨基酸(AA)，动物生命体对蛋白质的利用即是对氨基酸的利用。氨基酸作为小分子有机化合物，是机体内具有生物活化性质的化合物，是形成其他含氮有机化合物的前物质。食物中氨基酸组成越全面、越平衡，动物体对蛋白质的利用效率就越高。各种氨基酸的分子构型、特异性质以及排列顺序共同决定了氨基酸的各种生理功能。生物体内存在氨基酸营养的动态平衡体系，在这个动态反应过程中蛋白质与氨基酸不断地进行分解与合成。氨基酸的分析研究在环境科学、生命科学及营养科学领域一直占据重要地位。

在鱼类体内，蛋白质一般占鱼体湿重的16%～18%，蛋白质是鱼体中唯

一氮的来源，是一切鱼类生命的物质基础，直接关系到鱼类的生命、生长和繁殖。

(2) 氨基酸的种类、性质及功能

① 氨基酸的分类

蛋白质在酸、生物酶或碱的作用下可以进行水解，肽键断裂后的终产物是其组成中的各种氨基酸分子。在已经发现的 20 多种氨基酸中，大多数蛋白质的共有成分只是其中的 20 种氨基酸。根据氨基酸分子所含羧基和氨基的数量，氨基酸可以分为酸性、中性和碱性三大类别。根据氨基酸的化学结构进行分类，分为脂肪族氨基酸（丙氨酸、缬氨酸、亮氨酸、异亮氨酸、蛋氨酸、天冬氨酸、谷氨酸、赖氨酸、精氨酸、甘氨酸、丝氨酸、苏氨酸、半胱氨酸、天冬酰胺、谷氨酰胺）、芳香族氨基酸（苯丙氨酸、酪氨酸）、杂环族氨基酸（组氨酸、色氨酸）、杂环亚氨基酸（脯氨酸）。根据氨基酸对鱼类等动物营养组成的重要性分为非必需氨基酸与必需氨基酸，必需氨基酸是指鱼类（包括其他动物）不能自身进行合成或合成速度远不能适应机体的需要，必须由食物蛋白供给的氨基酸。鱼类所需的 10 种必需氨基酸有：精氨酸、异亮氨酸、蛋氨酸、色氨酸、赖氨酸、亮氨酸、苯丙氨酸、苏氨酸、缬氨酸和组氨酸。鱼类能够自身合成而不需要从食物蛋白中获取的氨基酸为非必需氨基酸，其中包括丙氨酸、甘氨酸、酪氨酸、丝氨酸、谷氨酸、脯氨酸和天冬氨酸等[59]。

② 氨基酸的性质

天然的氨基酸呈白色结晶状，分解温度高，一般情况下氨基酸分子会带有电荷（$—NH_3^+$、$—COO^-$），这导致大多数氨基酸的熔点超过 200 ℃。氨基酸通常可以在极性溶剂（如水）中溶解，但是不能溶解于非极性溶剂（如乙醚、苯等）。其中，只有酪氨酸和胱氨酸难溶于极性溶剂水中，而脯氨酸易溶解于乙醇中，所有氨基酸都可以溶于酸溶液和碱溶液[59]。

③ 氨基酸的生理功能

在各种营养素中，氨基酸的重要生理功能表现为：一方面它是构成鱼类等动物组织和器官的基本材料，以蛋白质的形式沉淀在体内；另一方面氨基酸也参与机体维持，包括参与蛋白质周转，形成重要的能源物质或转化成其他的含氮化合物。

1.5.2　国外氨基酸碳稳定同位素在营养生态学中的研究

在生态学领域，从20世纪70年代开始，组织整体稳定同位素分析(SIA)逐渐成为饮食和营养动力学[60-61]、栖息地[62]和动物迁移[63]研究的一个常规工具。随着监测技术的发展，许多研究者逐渐认识到，尽管整体稳定同位素分析在食物和食物网生态学研究中很常用，但也越来越被认为组织整体稳定同位素分析在研究中存在的很多局限性往往会影响评估结果的准确性[64-65]。在营养生态学领域，许多科学家[66-67]认为碳稳定同位素在分馏中的显著变化取决于其在所分析的消费者类群、饮食和组织的内部组成成分状况及其属性，导致消费者组织的碳稳定同位素值可能不会总是与食物饵料的整体碳稳定同位素一样，因为不同食物成分(如蛋白质、脂类和碳水化合物)的碳稳定同位素组成情况比较复杂，因此许多研究者[64-67]认为利用组织整体稳定同位素分析技术不可能提供针对食物的准确具体的评估信息。在生态系统食物关系研究中发现，食物链底端食物的碳稳定同位素组成随着食物网营养级传递最终会对高营养级消费者的碳稳定同位素起决定性的作用，但是当生物迁徙后，整体稳定同位素分析在不同时空之间会导致碳稳定同位素值产生较大的变化，从而造成缺乏准确合适的碳稳定同位素值对食物链底端生物的营养状况和产能进行正确评估，最终导致很难根据食物网结构使用碳稳定同位素技术解释底端生物所存在的潜在食性变化，比如当使用生物(组织)整体碳稳定同位素研究进行高度迁移的海洋生物的食性转变状况时，迁移生物在两个食物网的生物(组织)整体碳稳定同位素值所给的信息中都较为模糊，因为该生物在同位素组成不同的食物网之间进行移动，生境变化情况非常复杂，根据整体稳定同位素值很难得到生物高跨度迁移时在不同饮食状态下生物机体内稳定同位素分馏的具体信息，最终给该海洋生物迁移食性变化研究的评估结果造成很大误差[64]。同时，也无法根据该海洋生物的碳稳定同位素比率准确进行两个食物网底端生物的能量流动状况分析。整体稳定同位素值的模糊性会具体表现在不同物种之间或同一物种在不同生理和营养生态情况中，由此可知这些问题都会使组织整体碳稳定同位素分析给营养生态学研究带来挑战，会产生许多致使整体稳定同位素分析数据复杂化、模糊化的混杂因素，其中最主要的问题是组织整体稳定同位素比率在生物代谢分解过程中往往会发生非常复杂的变化，最终导致食物网生态营养评估产生较大的误差。

在国际上，目前越来越多的研究报道认为单体化合物的稳定同位素比率可为生物食性转换、生物营养质量评估和生物的生理转化过程等研究提供更具体准确的信息[68-69]。组成生物体的有机化合物分子多种多样，越来越多的研究者选择生物体内单体有机大分子内生源要素的稳定同位素比率进行食物网营养生态学研究[70-72]，这将为生态学家研究食物网生物稳定同位素比率变化的生理和生化基础提供有力的手段。近年来，氨基酸单分子稳定同位素技术在食物网研究中的应用使食物网物质传递研究快速进入分子稳定同位素水平，但是单分子稳定同位素的准确测定技术及生物样品的预处理技术都存在诸多的挑战，目前这些难题也是许多营养生态学研究者关注的焦点。组成生物机体的有机分子各种各样，从中选择合适的研究对象比较困难，首先要考虑所选分子的稳定性及可分离性，其次要具备可行的检测技术。目前，越来越多的研究者选择蛋白质大分子中的氨基酸作为研究对象进行生态营养评估，主要是基于两个方面的原因：一方面是由于氨基酸分子的重要生理功能；另一方面是氨基酸分子中的碳、氮稳定同位素信号比较稳定，在外消旋化作用中氨基酸分子可以保留碳、氮信号的完整性[59]。

随着气相色谱-燃烧-同位素比值质谱（GC-C-IRMS）监测技术的快速发展，在国际上许多研究者已经利用该技术进行了分子级稳定同位素的广泛性研究。GC-C-IRMS 监测技术的快速发展使营养生态学领域具备了分析具体化合物氨基酸稳定同位素的技术条件，这大大促进了研究者采用生物体氨基酸稳定同位素进行生态学研究的积极性。

近年来，国际上通过 GC-C-IRMS 监测技术测量氨基酸稳定同位素进行生态营养学研究的相关报道越来越多。Howland 等[72]和 Jim 等[73]采用氨基酸碳稳定同位素值的变化对陆地脊椎动物猪和鼠进行了转换食性分析，揭示了哺乳动物中氨基酸营养的代谢状况。Reeds[74]通过测量生物间氨基酸碳稳定同位素值的变化，认为消费者必需氨基酸（如苯丙氨酸和亮氨酸）的碳稳定同位素值一定能反映食物网底端主要生产者的同位素轨迹，还指出必需氨基酸稳定同位素的分馏特征真实反映了食物来源，必需氨基酸稳定同位素分析可以作为觅食生态和食物重建的强大工具。Fogel 等[75]和 Stott 等[76]通过必需氨基酸碳稳定同位素分馏状况让人们了解到古人类和食草动物的食性衍变趋势。Fantle 等[77]利用氨基酸碳、氮稳定同位素比值的变化规律揭示了湿地食物重建对支持蓝蟹生长的重要性等信息。Ambrose等[78]通过分析生物食性转换时氨基酸碳稳定同位素的分馏状况,认为食用高蛋白质食物的时候,生物体通常会从食物转移大多数氨基酸作为维持能量的一种手段,因为直接汲取营养物质比从头合成更有效。Hare等[71]通过比较在食性转换实验中猪骨胶原蛋白和食物的氨基酸碳稳定同位素值,认为猪的骨胶原蛋白脯氨酸直接来自食物,谷氨酸由其自身进行生物合成,同时利用氨基酸碳稳定同位素值对其他几种氨基酸的转移规律也相应做了解释。Kelton等[79]分析测量了侧边底鳉肌肉和4种食物的氨基酸碳稳定同位素值,认为当食物中氨基酸相对于消费者需求含量不足时,往往消费者会有更大程度的氨基酸营养分馏,尤其是当食物中的非必需氨基酸不充分时,这种趋势将更加明显。Howland等[72]通过采用植物类食物喂食猪,分析了猪与食物两者间的氨基酸碳稳定同位素的分馏值,结果认为猪体内非必需氨基酸的生物合成依赖于含碳稳定同位素相对丰富的碳库,并认为类似的代谢过程可能控制大多数以植物类食物为食的动物产生了较大的碳稳定同位素分馏作用。Post等[80]通过碳稳定同位素技术分析了氨基酸的转化代谢机制,指出如果以动物类食物的脂质作为能量的重要来源进行分解代谢,它们可能会提供碳稳定同位素相对贫化的碳库,非必需氨基酸会从脂质中进行生物合成。O'Brien等[81]通过分析食物链中氨基酸碳稳定同位素值,认为氨基酸在食物链的传递中,植物性和动物性食物的不同碳库源可能会导致营养层次间出现明显不同的同位素分馏情况。Elsdon等[82]通过分析生物肌肉组织整体碳稳定同位素值和肌肉中氨基酸的碳稳定同位素值,认为作为蛋白质主要成分的氨基酸是影响组织整体碳稳定同位素值的一个主要因素,还认为单体氨基酸的碳稳定同位素值一般情况下可以反映组织整体$\delta^{13}C$值的模式。O'Brien等[83]通过分析4种鳞翅目昆虫卵与宿主花蜜的氨基酸碳稳定同位素的分馏状况得出如下结论:食性转换对4种虫卵的必需氨基酸碳稳定同位素值影响不大;必需氨基酸分馏量非常小,非必需氨基酸丙氨酸、脯氨酸和谷氨酸的碳稳定同位素值与食物花蜜非常接近;雌性鳞翅目昆虫从花蜜糖中利用内源氮合成了一些氨基酸。

目前,国际上通过氨基酸碳稳定同位素示踪技术采用控制性摄食实验研究分析食物和消费者之间的个体氨基酸营养分馏的报道多是关于陆生脊椎动物(猪、大鼠)和水生脊椎动物(鱼)的食性转换研究,至今未见采用具体化合物碳稳定同位素对控制性水生脊椎动物食物链营养物质传递状况进行研究的报道。

1.5.3 国外氨基酸氮稳定同位素在营养生态学中的研究

近年来,国内外许多研究者常常采用氮稳定同位素比率作为营养状况和营养级的判定指标,氮稳定同位素在这两方面的研究应用最为频繁[61,84]。与碳稳定同位素相似,氮稳定同位素技术的使用大大提高了我们对食物网关系的认识,但是同位素数据附带的混杂因素往往使评价结果产生较大的误差,比如采用氮稳定同位素进行食物溯源研究中,氮稳定同位素在生物分解过程中会发生分馏改变,这可能会导致食物网消费者食物来源的数量远远多于可以发现的异化同位素值的数量[85-86],食物氮素含量[87]和营养性逆境[63]等因素都可以引起消费者稳定氮同位素比率的变化,这些观察结果使人们普遍要求对整个有机体和特定组织上升到分子水平进行更深入和细化的稳定同位素示踪研究[60,66]。通过深化研究,我们可以在食物网研究中更准确地解释氮稳定同位素数据所显示的科学规律。由此,近年来特定化合物氨基酸的氮稳定同位素分析逐步进入了营养生态学研究领域,用来阐明生物的营养物质代谢状况。Pakhomov 等[88]对亚南极群岛的虾、Schmidt 等[89]对南极磷虾、McCarthy 等[90]对太平洋中部的浮游生物、Popp 等[91]对热带东太平洋的黄鳍金枪鱼和 Hannides 等[92]对夏威夷附近海域浮游动物的氨基酸氮稳定同位素的分馏状况进行了分析研究,这些研究结果均表明:通过氨基酸氮稳定同位素方法可以很好地估计海洋生物的营养状况和营养位置,由此可以加深人们对食物网结构和自然环境中氮素代谢的理解。

一直到 20 世纪 90 年代,随着气相色谱-燃烧-同位素比值质谱(GC-C-IRMS)监测技术发展到一定水平,才可以对含氮素较低的氨基酸化合物进行氮稳定同位素的测定,目前通过 GC-C-IRMS 方法准确测量单个氨基酸氮稳定同位素组成只需要 1 nmol 数量的氮,这为分离测定生物有机分子氮稳定同位素提供了有力的技术支持。Fantle 等[77]采用碳、氮稳定同位素比值分析了蓝蟹、浮游有孔虫和河口细菌的营养关系,并得到了蓝蟹食物来源的准确信息。Leslie 等[93]通过测定斑海豹血清和肌肉组织中氨基酸的氮稳定同位素值,了解了斑海豹在食性转换中氨基酸营养的代谢状况,并结合受控实验采用氨基酸氮稳定同位素分馏状况对斑海豹等动物营养级划分的问题进行了探讨。Yoshito 等[94]分析了微藻和腹足动物在自然海洋环境中氨基酸氮稳定同位素的组成和差异，研究中测定出的 12 种氨基酸氮同位素比值范围较大，褐藻从－2.1‰到＋8.4‰、红藻从－3.3‰到＋12.9‰、腹足类从－0.6‰到＋16.6‰，他们认为生物体氨基酸之间氮稳定同位素值的差异性反映了氨基酸合成和代谢过程的复杂性；针对氮稳定同位素分馏状况的解释，他们引用了 Bender[95]提出的某些氨基酸的代谢机制，认为该机制可以解释自己研究中的生物间氨基酸代谢的衍变机制（图 1-3）。该机制认为：丙氨酸、缬氨酸、异亮氨酸和谷氨酸在生物代谢过程中分子中碳氮键断裂，造成同位素分馏作用较大，分析结果显示分馏值高达 10‰，也有些氨基酸没有明显的代谢转化过程出现，如蛋氨酸和苯丙氨酸等，这些氨基酸分子中碳氮键没有裂解，所以它们的氮稳定同位素分馏效应不明显。

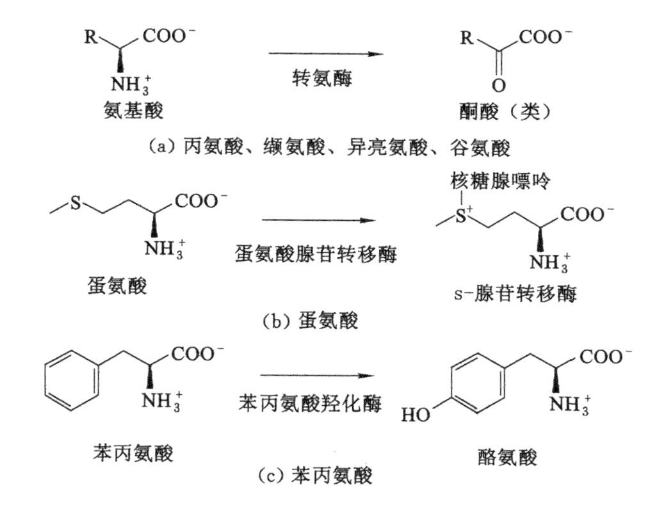

图 1-3 氮稳定同位素在氨基酸代谢过程中的分馏作用[94]

McClelland 等[96]通过室内受控实验分析了海洋浮游动物褶皱臂尾轮虫和 15 种食物的氨基酸稳定氮同位素比率，阐明了食性转换过程中氨基酸氮稳定同位素相应的变化规律，明确了海洋生物褶皱臂尾轮虫和微藻（四爿藻）之间的营养关系，并对多组消费者和食物之间（包括浮游植物-浮游动物、腹足类-海藻、浮游动物-鱼等组合）氨基酸氮稳定同位素的分馏情况进行了分析（图 1-4），他们观察到处于不同营养级的生物之间，消费者谷氨酸氮稳定同位素具有明显的富集趋势，而苯丙氨酸氮稳定同位素在消费者与食物之间变化很小。

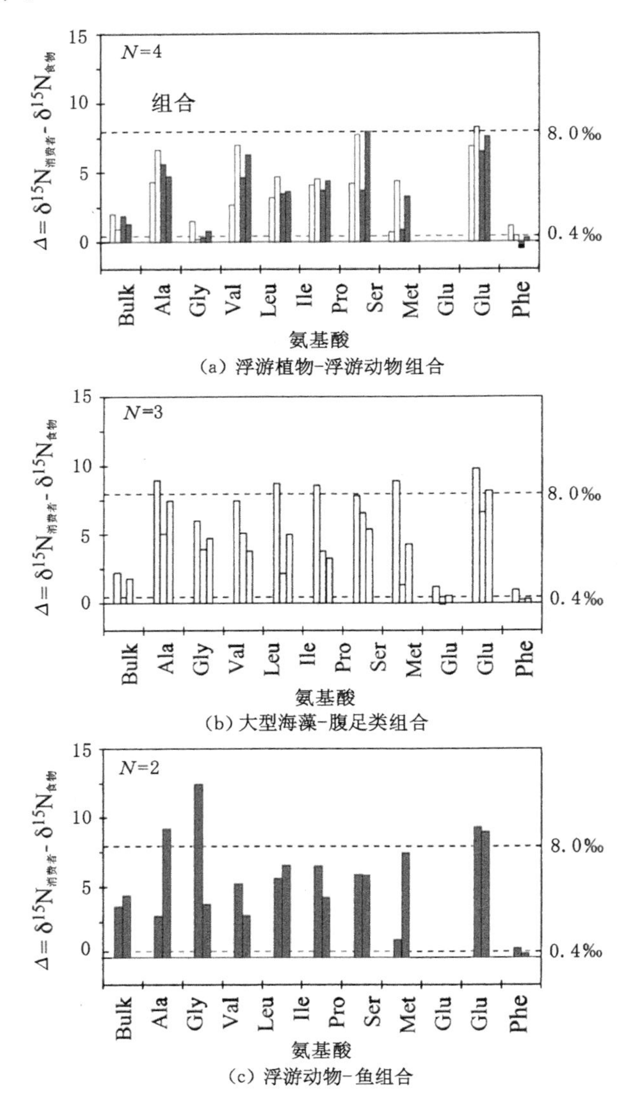

(a) 浮游植物-浮游动物组合

(b) 大型海藻-腹足类组合

(c) 浮游动物-鱼组合

Bulk—样品整体；Ala—丙氨酸；Gly—甘氨酸；Val—缬氨酸；Leu—亮氨酸；Ser—丝氨酸；Asp—天冬氨酸；Glu—谷氨酸；Phe—苯丙氨酸；Thr—苏氨酸；Pro—脯氨酸；Ile—异亮氨酸。

图 1-4 消费者与食物之间氨基酸氮稳定同位素的分馏作用[94]

根据这个结论，研究者首次提出通过比较生物体中苯丙氨酸和谷氨酸氮稳定同位素值的差异可以得出生物在食物网中的营养位置，并且指出谷氨酸和苯丙氨酸代表了不同的营养改变模式，苯丙氨酸和谷氨酸容易进行高精度分析，这是建立谷氨酸和苯丙氨酸氮稳定同位素营养级判定模型的科学依据。Yoshito 等[94]通过室内受控实验分析了浮游植物-浮游动物、海藻-浮游动物-鱼等组合的氨基酸氮稳定同位素的变化，并与上述营养位置的判定研究结论进行了对比分析，认为 McClelland 等[96]对营养级划分的研究结论不能代表食物网营养级划分的一般规律。Hare 等[71]通过测量猪的骨胶原蛋白与食物中 8 种氨基酸的氮稳定同位素值，阐述了食性转换中骨胶原蛋白 8 种氨基酸的变化规律：骨胶原蛋白中非必需氨基酸相对于食物属于富集状态，必需氨基酸苏氨酸属于贫化状态，并且认为非必需氨基酸在体内的合成过程受不同的生物化学机制控制，而不是随机合成。Gannes 等[60]通过氨基酸氮稳定同位素示踪技术认为丝氨酸是胶原蛋白中特别丰富的一种氨基酸，属于甘氨酸的直接前体，同时指出从食物到消费者蛋白质氮稳定同位素值的增加归因于转氨作用和脱氨过程中的氮分馏作用。Fogel 等[97]认为人体中氨基酸氮稳定同位素值的差异跟氨基酸在人体内氮循环中所起的作用相关，人体排泄物中的氨基酸氮稳定同位素分馏效应可能跟一些氨基酸在代谢过程中的轻氮损失相关。Gannes 等[66]认为生物体氨基酸氮稳定同位素比值会因为生物对逆境产生的应激反应而发生改变，并指出对饥饿和水压力逆境的应激反应就会引起生物体氨基酸氮稳定同位素的分馏作用。

1.5.4 生态系统碳、氮稳定同位素及氨基酸碳、氮稳定同位素的国内研究现状

稳定同位素技术作为生态学研究领域的一门新型应用技术，于 20 世纪末逐步进入我国生态系统研究领域。在国内，蔡德陵等[36]首先采用氮稳定同位素技术进行了崂山湾潮间带海洋食物网营养关系研究，在此基础上分析了底栖生物及水生生物的食物来源，建立了该水域的食物网结构图谱，对采用稳定同位素技术用于食物网结构的建立进行了初探，并与全球其他海区生态系统做了对比研究。近年来，稳定同位素技术应用于我国食物网的研究主要集中在食物网结构建立、营养级判定和摄食生态学等方面，如多位

研究者曾采用稳定同位素技术进行了黄东海食物网结构的建立及渔获物营养级研究[21,27]。彭士明等[26]分析了东海银鲳及其饵料的碳、氮稳定同位素值，研究了东海银鲳的食物来源。李世岩等[98]应用碳、氮稳定同位素比率分析研究了胶州湾方氏云鳚的摄食习性。陈绍勇等[99]对南沙群岛海珊瑚礁生态系统中生物的碳稳定同位素进行了测定与比较，采用生物稳定同位素技术对食物网结构开展了初步研究。

目前，在国内采用分子级稳定同位素技术进行食物网的食源示踪及营养物质流动的研究报道非常少，只见崔莹[29]利用碳、氮稳定同位素和脂肪酸碳稳定同位素组成特征，结合多元统计分析方法，分别对大型水母、凤鲚、底栖动物和鱼类、虾蟹类的食物组成进行了分析，通过生物食物组成的变化特征研究了不同类型食物网的物质传递特征，并对将标志物应用于海洋食物网物质传递研究进行了探讨。王娜[30]测定了长江口及相邻海域内多种生物样品的脂肪酸碳稳定同位素比值，从分子级水平讨论了食物网中关键生物种类间的摄食关系。

国内对于氨基酸碳、氮稳定同位素的研究鲜有报道。肖化云等[100]采用GC-C-IRMS监测方法分析了植物中氨基酸的氮稳定同位素值，探讨了该研究方法的精度和准确度。徐春英等[101-102]采用氨基酸衍生化成N-新戊酰基-异丙醇酯(NPP)方法对小麦样品进行了衍生化反应，利用GC-C-IRMS监测方法分析了氨基酸标准样品和小麦中氨基酸碳、氮稳定同位素比率，并在研究中对样品中氨基酸回收率和氨基酸碳、氮稳定同位素的分离效果进行了讨论，认为氨基酸NPP衍生酯在稳定同位素测定中具有分离效果好和样品稳定性好等优点；还在研究中利用碳、氮稳定同位素对小麦籽粒氨基酸做了分类讨论。李红燕等[103]采用了氨基酸N-乙酰基正丙酯(NAP)和氨基酸N-三氟乙酰基异丙酯(TFAIP)两种衍生方式分别对17种氨基酸标准样品进行了衍生化反应，通过比较17种氨基酸标准样品衍生化前和衍生化后的碳、氮稳定同位素值的重复性及分馏作用，选择出了一种相对理想的氨基酸衍生化方法。在国内只见到上述几位学者有关氨基酸碳、氮稳定同位素研究的报道，但上述研究者都未采用氨基酸碳、氮稳定同位素技术做深入的应用研究。

1.6　主要研究内容及研究意义

1.6.1　主要研究内容

（1）采用活体生物饵料对我国黄东海生态系统食物网关键种鳀鱼食物链的中下营养层次“小球藻→中华哲水蚤→鳀鱼”进行了受控模拟实验研究；讨论了氨基酸在该食物链中的传递过程；分析了氨基酸碳、氮稳定同位素在食物链生物中的变化特征。

室内食物链模拟研究：首先大体积培养小球藻，再用小球藻培养从海洋中捕获的中华哲水蚤（经过了纯化），最后采用活体中华哲水蚤饲养鳀鱼，由此模拟了一个室内小型简化食物链。

（2）进行样品氨基酸和生物样品中氨基酸碳、氮稳定同位素的测定研究。重点进行了生物样品的科学制取及样品氨基酸衍生化方法（氨基酸N-新戊酰基异丙酯法和氨基酸N-乙酰基正丙酯法）的条件选择研究；研究了食物链中不同生物样品的氨基酸GC-MS测试条件；运用气相色谱仪确证了各种样品的氨基酸种类和含量；分析研究了气相色谱-燃烧-同位素比值质谱（GC-C-IRMS）监测方法对各种样品碳、氮稳定同位素的测试条件；采用GC-C-IRMS监测方法分析测量了样品中有机分子化合物氨基酸的碳、氮稳定同位素值。

（3）重点分析了食物链食物与消费者之间氨基酸的定量关系，探讨了食物链氨基酸营养代谢过程中碳、氮稳定同位素的分馏作用。在实验室受控条件下，研究了动物（鳀鱼）在食性转换（从日清合成饵料到活体中华哲水蚤）过程中肌肉组织的氨基酸组成及含量的变化特征。实验中还观察了鳀鱼与其排泄物之间的氨基酸含量关系。

1.6.2　研究意义

黄东海生态系统是中国重要的海洋生态系统之一，该海域捕食食物网的能量流动、食物定量关系和营养质量等都是亟待解决的生态问题。在黄东海捕食食物网中，鳀鱼隶属于第三营养层次（初级肉食鱼类），是资源量巨大的关键种类，属于近40种经济鱼类的饵料。鳀鱼营养生态学研究是种群动力学研究的基础，此研究对该海域鱼类群落资源管理与保护具有极其重要的现实意义。

食物联系是海洋生态系统的结构和功能的基本表达形式，关键资源种群食物网能量流动是影响生态系统资源生产及其动态变化的关键生物过程，针对海洋生态系统食物网研究工作量巨大，难于捋清食物网各营养级之间的营养关系等问题，目前只能采用"简化食物网"的方法，突出主要资源种类营养成分和食物质量关系研究。"营养质量"是全球海洋生态系统动力学研究计划（GLOBEC）中的一项重要内容。世界卫生组织和联合国粮农组织联合发布的报告中指出，食物蛋白质质量一般采用蛋白质消化性和氨基酸组成进行评价。作为蛋白质的基本构成单位，氨基酸同时包含碳、氮元素，是生物体内最重要的活性分子之一，在营养生态学领域体现出了重要的研究价值，是复杂海洋生态系统营养流通过程中的重要物质成分。

结合食物网简化研究方式进行了黄东海生态系统关键种鳀鱼食物链主线中下营养层次"浮游植物（小球藻）→浮游动物（中华哲水蚤）→鳀鱼"的模拟实验，研究了氨基酸在模拟食物链的传递过程，讨论了食物链中氨基酸碳、氮稳定同位素的传递和分馏状况，这将有助于了解黄东海食物网关键种鳀鱼食物链的营养流动机理，为黄东海食物网的物质传递机制研究提供了参考依据。本研究简化食物链主线的研究模式为全球复杂海洋生态系统食物网研究提供了有益的参考。

针对不同氨基酸衍生处理方法对氨基酸碳、氮稳定同位素分馏作用造成的差别，分析了氨基酸 N-新戊酰基异丙酯法和氨基酸 N-乙酰基正丙酯法的优劣，从而为使用氨基酸稳定同位素技术研究海洋食物网中物质和能量流动的方法提供参考依据，能够为建立标准的氨基酸衍生化处理方法做出贡献。

在我国，氨基酸碳、氮稳定同位素技术在生态学领域的研究还未见报道。相对于传统生物组织整体碳、氮稳定同位素研究技术，本研究对分子级氨基酸碳、氮稳定同位素技术的探索为改善我国食物网营养生态学研究提供了更加准确、具体的方法，具有重要的理论意义和现实意义，同时可以为改进氨基酸碳、氮稳定同位素技术对食物网营养质量和生物营养传递的生理、生化基础等研究提供参考依据。本研究氨基酸含量和氨基酸碳、氮稳定同位素的测量方法为今后的相关研究提供了有益的方法依据。

1.7 研究路线

本书研究路线如图 1-5 所示。

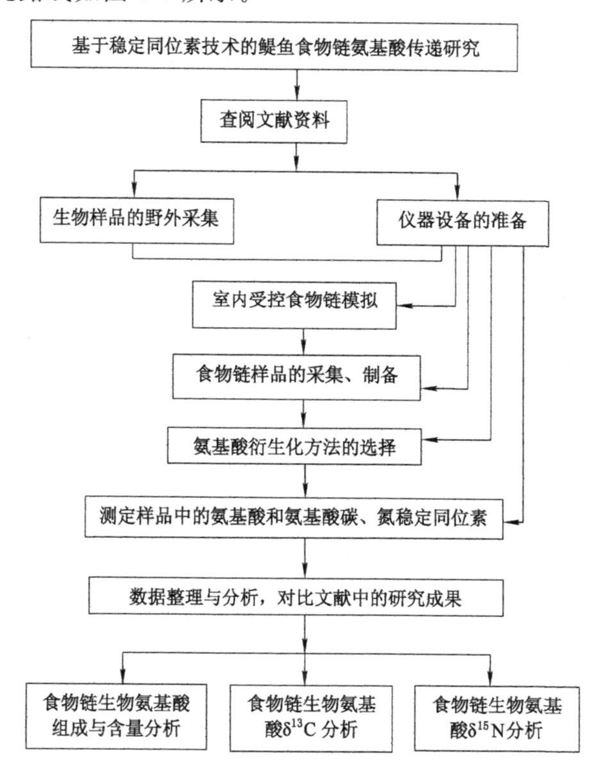

图 1-5 本书研究路线

第 2 章 氨基酸 NAP 与 NPP 衍生化方法比较

采用 GC-C-IRMS 监测方法分析模拟食物链中生物样品氨基酸的碳、氮稳定同位素比值，以了解营养层次间氨基酸的传递状况，在分析稳定同位素之前需要将生物样品的氨基酸进行衍生化，即将化学活性强、热稳定性差、极性强的氨基酸分子衍生为化学活性低、极性弱、热稳定性好的氨基酸酯类。由此可知，氨基酸衍生化是实现 GC-C-IRMS 分析样品中氨基酸碳、氮稳定同位素的关键步骤。本实验分别采用氨基酸 N-新戊酰基异丙酯（NPP）和氨基酸 N-乙酰基正丙酯（NAP）对 15 种氨基酸标准样品进行了衍生化处理，采用 EA-IRMS 和 GC-C-IRMS 分析测定了 15 种标准氨基酸衍生化前后的碳、氮稳定同位素组成，对比了同位素分馏作用的大小和测量值的重复性。结果显示，用 NPP 法测量碳、氮稳定同位素的重复性均接近于 NAP 法；NPP 法的碳稳定同位素和氮稳定同位素的测定结果均比较理想，并且两种同位素的分馏作用明显小于 NAP 法。通过分析比较可知，氨基酸 NPP 方法是一种相对理想的氨基酸衍生化方法。

2.1 氨基酸衍生化的研究概况

GC-C-IRMS 监测方法出现以前，由于分析技术的局限性，化合物中碳、氮稳定同位素信号在地球化学和生态科学领域的应用受到很大阻碍。在传统分析方法中，一般采用液相色谱法分析复杂样本中氨基酸分子的稳定同位素比率，但是该方法过程复杂，其中包括样品定量分离、燃烧气化、气体纯化和平衡单体氨基酸分子数量等步骤，并且该方法不能很好地分离纯化某些 D、L 型氨基酸。近年来，GC-C-IRMS 监测方法的出现促进了生物体系中化合物的稳定同位素研究，该方法是在对氨基酸衍生物进行定性和定量分析的基础上，同时采用气相色谱-燃烧-同位素比值质谱(GC-C-IRMS)监测方法对样本中氨基酸碳、氮稳定同位素进行测量研究，与以前的方法相比较，该方法灵敏度更高、检测限更低。目前，GC-C-IRMS 监测方法存在自身的局限性，样品预处理中烦琐的氨基酸衍生化反应在很大程度上限制了 GC-C-IRMS 监测方法在同位素研究中的应用，这也是许多研究者采用 GC-C-IRMS 监测方法测量氨基酸稳定同位素时需面对的共同难题。目前，国际上没有一种全能的衍生化方法可以使 GC-C-IRMS 监测方法能测量所有氨基酸的碳、氮稳定同位素值[102]。

本实验模拟体现了食物链中样本组成的复杂性，其中包含浮游植物、浮游动物和鱼肌肉等多种生物样品，为了得到样品中单体氨基酸的稳定同位素值，目前只能选用 GC-C-IRMS 监测方法进行测量。为了保证氨基酸稳定同位素测定结果的准确性和正确性，选择一种相对理想的氨基酸衍生化方法对保证结果的准确性至关重要。目前，氨基酸衍生化方法主要有叔丁基二甲基氯硅烷化(TBDMS)，三甲基氯硅烷化(TMS)，三氟乙酰胺酯化(TFA)，N-新戊酰基、O-异丙醇酯化(NPP)和 N-乙酰基、O-正丙醇酯化(NAP)[101]。在硅烷化反应中，TBDMS 和 TMS 两种衍生化方法比较简单，两者衍生化反应只需进行一步，但是通过实验发现两种方法的衍生物非常不稳定，易于转化；TFA 方法具有操作简单的特点，但其衍生化产物中含氟，这会破坏同位素分析中的催化剂，由此可知 TBDMS、TMS 和 TFA 方法会导致较大的实验误差，均不适用于氨基酸衍生化后的稳定同位素分析。与上面几种衍生化方法相比较，NAP 和 NPP 方法均同时具有分离效果好、反应物纯度高、其他杂原子引入率低的优点[102]，这两种方法可能更适于本实验的氨基酸碳、氮稳定同位素测定工作，但是两种方法又都具有操作复杂、分两步反应的缺点，因此，分析比较 NAP 和 NPP 两种方法的测量精度和分馏作用的大小，选择出一种比较理想的衍生化方法是本研究进行氨基酸稳定同位素测定工作的重要任务。目前，有关氨基酸衍生化的研究在我国报道较少，徐春英等[102]在测定小麦粒氨基酸稳定同位素前进行了衍生化反应研究；李红燕等[103]进行了标准氨基酸衍生化方法(NAP 和 TFA)的对比研究。本研究采用氨基酸 NPP 和 NAP 方法分别结合 GC-C-IRMS 技术分析测定了 15 种标准氨基酸的碳、氮稳定同位素比率，通过比较氨基酸碳、氮稳定同位素的测量精度和分馏作用大小，确定了相对理想的氨基酸衍生化方法，为本课题后续的稳定同位素分析研究工作奠定了基础，同时为他人的氨基酸同位素测试研究提供了参考依据。

2.2 分析样品

2.2.1 试剂与仪器

试剂：15 种标准氨基酸[丙氨酸(Ala)、甘氨酸(Gly)、缬氨酸(Val)、亮氨酸(Leu)、丝氨酸(Ser)、天冬氨酸(Asp)、谷氨酸(Glu)、苯丙氨酸(Phe)、苏氨酸(Thr)、赖氨酸(Lys)、脯氨酸(Pro)、异亮氨酸(Ile)、酪氨酸(Tyr)、组氨酸(His)、蛋氨酸(Met)]、氯化亚砜、新戊酰氯、正丙醇、乙酰氯、三乙胺、三氟乙酸酐、丙酮、乙酸酐、吡啶、乙酸乙酯为分析纯，二氯甲烷和异丙醇为色谱纯，上述样品均采购自美国 Sigma 公司。

仪器：6890 气相色谱仪，美国 Aglient 公司；5973N 质谱仪，美国 Aglient 公司；Flash EA 1112 型元素分析仪，意大利 Carlo Erba 公司；MAT 253 同位素比值质谱仪，美国 Thermo Finnigan 公司；Conflo Ⅲ连续流装置、DELTA Plus XP 同位素比值质谱仪，美国 Thermo Finnigan 公司。

2.2.2 衍生化方法

氨基酸 N-乙酰基正丙酯(NAP)衍生化方法：称取标准氨基酸样品 1 mg 放入聚四氟乙烯安瓿瓶中，加入 2.0 mL 3 mol/L 的盐酸-正丙醇-乙酰氯溶液(每毫升盐酸-正丙醇溶液中加入 25 μL 乙酰氯)，安瓿瓶封口(封口方法见第 3 章 3.2.2)后放入 110 ℃的恒温箱中酯化 15 min，每隔 5 min 拿出样品轻微晃动一次，酯化反应完毕后取出样品冷却至室温；打开安瓿瓶封口，将反应后的样品转移到新安瓿瓶中，在 60 ℃恒温真空条件下干燥，加入 0.5 mL 二氯甲烷溶液，经旋转仪蒸干后再加入三乙胺、丙酮和乙酸酐各 0.5 mL，快速封口后放入 60 ℃恒温箱中酰化 10 min；反应完毕后打开安瓿瓶封口，在 60 ℃真空条件下干燥，最后将氨基酸酯溶于 0.5 mL 乙酸乙酯溶液中，以备于氨基酸碳、氮稳定同位素分析。

氨基酸 N-新戊酰基异丙酯(NPP)衍生化方法：称取标准氨基酸样品 1

mg放入聚四氟乙烯安瓿瓶中，加入2 mL 1 mol/L的氯化亚砜-异丙醇溶液，封口后放入100 ℃恒温箱中酯化1 h，冷却至室温；打开安瓿瓶的封口后用60 ℃氮气流吹干，加入吡啶溶解，将样品移入新的安瓿瓶，加入新戊酰氯，封口后放入60 ℃恒温箱内酰化30 min；反应完毕后打开封口，在60 ℃真空条件下干燥，最后将氨基酸酯溶于0.5 mL乙酸乙酯溶液中，以备于氨基酸碳、氮稳定同位素分析。

2.2.3　色谱条件和质谱条件

15种标准氨基酸碳、氮稳定同位素分析工作在中科院广州地化所同位素地球化学国家重点实验室完成。所有样品中的氨基酸衍生物的碳、氮稳定同位素采用气相色谱-燃烧-同位素比值质谱(GC-C-IRMS)监测方法(气相色谱仪通过燃烧炉依次连接还原炉和质谱仪)测定。燃烧炉温度设为900 ℃，还原炉的温度设为650 ℃，氦气流量设为90～100 mL/min。色谱柱：HP5-MS色谱柱(30 m×0.32 mm×0.2 μm)。色谱分析条件：进样口250 ℃气化；恒压控温；传输线控温280 ℃；色谱柱初温50 ℃，保持3 min，先以20 ℃/min升到220 ℃，保持5 min，再以10 ℃/min升温至280 ℃，保持3 min。采用不分流进样，进样量为1 μL。质谱分析条件：全扫描(SCAN)质量范围为33～600 amu；EI离子源倍增器电压1 200 V；离子源温度230 ℃；四极杆温度150 ℃；从全扫描总离子流色谱图中得出各组分的峰高和峰面积，定量计算碳、氮稳定同位素值。重复测量碳、氮稳定同位素3次，以确认同位素测量的重复性。碳稳定同位素和氮稳定同位素的标准分别采用已知同位素值的二氧化碳和大气氮参考气体。

2.2.4　标准氨基酸碳、氮稳定同位素分析

未衍生化的氨基酸标准样品的碳、氮稳定同位素采用EA-IRMS方法测定，EA-IRMS系统由Flash EA 1112型元素分析仪、Thermo Finnigan DELTA plus XP同位素比值质谱仪和Conflo Ⅲ连续流装置组成。测量中，首先采用锡箔将氨基酸标样(约2 mg)包裹好，由自动采样器送入氧化炉，样品在氧化炉高温环境(约1 200 ℃)中迅速气化燃烧，生成的碳、氮气体随高纯氦气进入还原炉(温度设为650 ℃)转化成气体CO_2和N_2，然后经过分离后依次进入质谱仪进行测量。氦气流量设为85～100 mL/min。稳定同位素测试采用氮

气(99.999‰)和二氧化碳气体(99.999‰)作为参考气体标准[104-105]。通过重复测量碳、氮稳定同位素值，确定了测量精度范围[±(0.10‰～0.50‰)]。

2.2.5 数据分析

(1) 稳定同位素的公式

$$\delta X(‰)=[(R_{Sa}/R_{St})-1]\times 1\,000$$

式中，R_{Sa}表示所测样品中$^{13}C/^{12}C$、$^{15}N/^{14}N$值；R_{St}表示标准气体样品中$^{13}C/^{12}C$、$^{15}N/^{14}N$值。

(2) 碳稳定同位素的修正

从理论上讲，氨基酸衍生物碳稳定同位素的组成反映了形成衍生物每一组分的碳素及其各自碳稳定同位素值的相对贡献，形成 NAP 氨基酸酯的主要组分是氨基酸、乙酸酐和正丙醇；形成 NPP 氨基酸酯的主要组分为氨基酸、新戊酰氯和异丙醇。因此，对于 NAP 和 NPP 衍生化反应来说，其化学当量质量平衡关系均可以表示为[102-103,106]：

$$\delta^{13}C=(\delta^{13}C_{AA}\times N_{AA}+\delta^{13}C_{DA}\times N_{DA})/N_{Deriv\text{-}AA} \tag{2-1}$$

式中，$\delta^{13}C$为氨基酸碳稳定同位素理论值；$\delta^{13}C_{AA}$为氨基酸碳稳定同位素真实值(EA-IRMS 测定值)；N_{AA}为氨基酸碳原子数；$\delta^{13}C_{DA}$为衍生反应试剂碳稳定同位素值；N_{DA}为衍生化试剂碳原子数；$N_{Deriv\text{-}AA}$为氨基酸酯中碳原子数。

由式(2-1)可以得到 NPP 和 NAP 氨基酸酯的碳稳定同位素的理论值，见表 2-1。

表 2-1 氨基酸衍生物碳稳定同位素的理论值与实验值的比较

碳稳定同位素比率 $\delta^{13}C$/‰						
氨基酸	NPP 实测值	NPP 理论值	Δ_1	NAP 实测值	NAP 理论值	Δ_2
丙氨酸	−29.09	−26.31	−2.78	−29.32	−24.27	−5.05
甘氨酸	−26.55	−24.23	−2.32	−33.11	−23.56	−9.55
天冬氨酸	−23.39	−21.22	−2.17	−29.98	−20.62	−9.36
丝氨酸	−25.40	−22.53	−2.87	−29.14	−21.27	−7.87
谷氨酸	−23.14	−21.71	−1.43	−26.54	−22.01	−4.53
脯氨酸	−23.38	−22.11	−1.27	−28.53	−23.56	−4.97
苏氨酸	−25.78	−22.84	−2.94	−27.97	−19.34	−8.63

表 2-1(续)

氨基酸	NPP 实测值	NPP 理论值	Δ_1	NAP 实测值	NAP 理论值	Δ_2
缬氨酸	−26.79	−23.72	−3.07	−26.08	−22.45	−3.63
苯丙氨酸	−22.78	−20.41	−2.37	−26.13	−18.36	−7.77
亮氨酸	−25.57	−23.53	−2.04	−30.47	−20.08	−10.39
赖氨酸	−27.12	−26.22	−0.90	−30.62	−25.31	−5.31
异亮氨酸	−23.62	−22.60	−1.02	−26.87	−21.89	−4.98
酪氨酸	−27.69	−25.54	−2.15	−28.59	−24.48	−4.11
组氨酸	−25.21	−23.84	−1.37	−26.77	−22.46	−4.31
蛋氨酸	−28.79	−26.90	−1.89	−29.74	−25.12	−4.62

注：Δ_1＝NPP 实测值－NPP 理论值，Δ_2＝NAP 实测值－NAP 理论值。

氨基酸 NAP 和 NPP 两种衍生化反应都没有引入氮素，两种衍生化酯类的氮稳定同位素理论值应该和 EA-IRMS 所测的氨基酸氮稳定同位素值一致，所以在本实验中只需要比较氨基酸衍生酯中氮稳定同位素的 GC-C-IRMS 测定值(表 2-2)与氨基酸的 EA-IRMS 测定值，用以比较分析 NPP 与 NAP 氨基酸衍生化方法的优劣。

表 2-2　氨基酸衍生物氮稳定同位素的理论值与实验值的比较

氨稳定同位素比率 $\delta^{15}N$/‰						
氨基酸	NPP 实测值	NPP 理论值	Δ_1	NAP 实测值	NPP 理论值	Δ_2
丙氨酸	−7.05	−6.64	−0.41	−7.69	−6.64	−1.05
甘氨酸	1.36	1.87	−0.51	0.67	1.87	−1.20
丝氨酸	3.07	3.21	−0.14	1.87	3.21	−1.34
谷氨酸	−2.42	−2.17	−0.25	−4.91	−2.17	−2.74
天冬氨酸	−2.34	−1.98	−0.36	−3.01	−1.98	−1.03
脯氨酸	0.78	1.02	−0.24	−0.45	1.02	−1.47
苏氨酸	−4.01	−3.74	−0.27	−6.15	−3.74	−2.41
苯丙氨酸	2.49	3.10	−0.61	1.34	3.10	−1.76
缬氨酸	5.31	5.43	−0.12	4.26	5.43	−1.17
亮氨酸	6.12	6.46	−0.34	5.28	6.46	−1.18
异亮氨酸	−1.03	−0.68	−0.35	−2.13	−0.68	−1.45

表 2-2(续)

氨基酸	NPP 实测值	NPP 理论值	Δ_1	NAP 实测值	NPP 理论值	Δ_2
赖氨酸	−1.64	−1.42	−0.22	−3.48	−1.42	−2.06
组氨酸	−5.43	−5.05	−0.38	−6.74	−5.05	−1.69
蛋氨酸	−1.37	−1.04	−0.33	−2.76	−1.04	−1.72
酪氨酸	3.21	3.63	−0.42	2.51	3.63	−1.12

注:Δ_1＝NPP 实测值－NPP 理论值,Δ_2＝NAP 实测值－NAP 理论值。

2.3 结果与讨论

由表 2-1 可知,采用 NPP 与 NAP 氨基酸衍生化方法的碳稳定同位素实验测量值均贫化于氨基酸碳稳定同位素的理论值,其中 NAP 氨基酸碳稳定同位素实验测量值与氨基酸碳稳定同位素理论值之间差距比较大,其差值 Δ_2 范围为－3.63‰～－10.39‰,其中采用 NAP 法衍生后的亮氨酸、天冬氨酸和甘氨酸的碳稳定同位素实验值与理论值差值比较大,上述三种氨基酸的 Δ_2 值均接近于－10.00‰。李红燕等[103]在文献中已公布的氨基酸 NAP 方法的碳稳定同位素实验测量值与氨基酸碳稳定同位素理论值的差距也比较大,其结果与本实验相近。氨基酸 NPP 方法的碳稳定同位素实验测量值与氨基酸碳稳定同位素理论值的差值范围为－0.90‰～－3.07‰,除了缬氨酸其差值 Δ_1 (Δ_1＝－3.07‰)高于－3.00‰以外,其他氨基酸的 Δ_1 值均在－3.0‰以下。通过比较 15 种标准氨基酸 NAP 与 NPP 衍生化反应中碳稳定同位素分馏作用的大小,可知 NAP 衍生化法产生的误差明显大于 NPP 衍生化法。

样品的稳定同位素比率测量结果精密度越高,表明数据重复性越好,测量的数据越准确,而测量方法的精密度一般采用测量数据的标准偏差表示[106]。15 种标准氨基酸 NAP 酯的碳稳定同位素值的标准偏差范围在 0.42‰～0.78‰之间,通过数据统计得到的平均标准偏差为 0.57‰;15 种标准氨基酸 NPP 酯的碳稳定同位素值的标准偏差范围为 0.32‰～0.74‰,其平均标准偏差为 0.52‰。本实验采用 NPP 法的 15 种标准氨基酸碳稳定同位素重复性结果与 Metges 等[107]和徐春英等[102]的研究结果相近。通过比较得知,在本实验采用的两种衍生化方法中,氨基酸酯类碳稳定同位素值的重复性相近，其中NPP衍生化方法中氨基酸碳稳定同位素值的平均标准偏差略低于NAP衍生化法。综合分析表明，在氨基酸碳稳定同位素测定中，NPP氨基酸衍生化法明显优于NAP衍生化法。

由表2-2可知，采用NPP方法的氨基酸氮稳定同位素理论值（EA-IRMS测定值）与采用NPP方法的氨基酸氮稳定同位素测定值（GC-C-IRMS测定值）接近，Δ_1 的范围为－0.12‰～－0.61‰。NAP氨基酸酯的GC-C-IRMS测定值与氨基酸氮稳定同位素理论值之间差异比较大，Δ_2 的范围为－1.03‰～－2.74‰，其中赖氨酸、谷氨酸和苏氨酸的 Δ_2 值大于2‰。通过比较两种衍生化反应中氨基酸氮稳定同位素分馏作用的大小，可知NAP衍生化法产生的误差明显大于NPP衍生化法。

通过比较NAP与NPP两种衍生化法中氨基酸氮稳定同位素测量值的重复性可知，15种NAP氨基酸酯的氮稳定同位素值标准偏差在0.37‰～0.71‰之间，平均标准偏差为0.52‰；NPP氨基酸酯的氮稳定同位素值的标准偏差范围为0.34‰～0.75‰，平均标准偏差为0.55‰。可见在两种方法中氨基酸酯的氮稳定同位素值的重复性近似，其中NAP衍生化法中氨基酸氮稳定同位素值的平均标准偏差略低于NPP衍生化法。综合分析表明，在氨基酸氮稳定同位素测定中，NPP氨基酸衍生化法优于NAP衍生化法。

目前，针对衍生化反应中碳、氮同位素分馏作用的误差来源还没有确切的科学解释，反应中的衍生化试剂、附生产物及其实验操作中的微量污染物必定影响到了实验数据的准确性，当然仪器测量中的消极因素也不容忽视，比如色谱分离和基线漂移问题都可能引起同位素的测量误差。从化学反应热力学和动力学角度分析，有研究认为可能存在以下影响因素：首先产生了热力学分馏，导致衍生化反应不完全[103]，在检测实验中GC-MS测定氨基酸的回收率一般低于100%，由此推测认为可能是氨基酸的回收损失造成了碳、氮稳定同位素的分馏损失，导致氨基酸碳稳定同位素更加贫化；再者是动力学分馏，NPP和NAP氨基酸衍生化法均需要进行酯化和酰化两步衍生过程，在酯化和酰化反应中均可能存在动力学分馏效应，如温度、时间、反应分子比率和外源碳的引入等都会造成分馏量加大[103]，比如色谱柱中碳素在快速升温过程中造成柱流失，随之产生的 CO_2 气体造成背景值的变化而最终产生同位素测量误差，当然这两个因素造成的具体分馏信息还有待进行深入研究。

2.4 本章小结

通过对比 NPP 和 NAP 氨基酸衍生化方法可知：

(1) 2 种氨基酸衍生化法的碳稳定同位素实验测量值均低于由质量平衡原理所得的氨基酸碳稳定同位素的理论值。15 种标准氨基酸 NAP 酯的碳稳定同位素实验值与氨基酸碳稳定同位素理论值差距较大(范围为 $-3.63‰ \sim -10.39‰$)，氨基酸 NPP 酯的碳稳定同位素实验值与氨基酸碳稳定同位素理论值的差值较小(范围为 $-0.90‰ \sim -3.07‰$)。除了缬氨酸外，在 NPP 方法中其他氨基酸碳稳定同位素实验值与理论值的差值都在 $-3.0‰$ 以下，采用 NPP 法所得 15 种氨基酸碳稳定同位素差值范围明显低于采用 NAP 法，表明了采用 NPP 法的碳稳定同位素分馏状况明显好于采用 NAP 法。15 种 NAP 氨基酸酯的碳稳定同位素值的平均标准偏差为 0.57‰，NPP 氨基酸酯的碳稳定同位素值的平均标准偏差为 0.52‰，表明 NPP 与 NAP 氨基酸酯的碳稳定同位素的测定值重复性接近。

(2) 15 种氨基酸氮稳定同位素的理论值与采用 NPP 法的氨基酸氮稳定同位素实验值比较接近，两者差值范围为 $0.12‰ \sim 0.61‰$。氨基酸氮稳定同位素的理论值与采用 NAP 法的氨基酸氮稳定同位素实验值差异较大，两者差值范围为 $1.03‰ \sim 2.74‰$，表明氨基酸 NPP 酯的分馏状况明显好于 NAP 酯。15 种 NAP 氨基酸酯的氮稳定同位素值平均标准偏差为 0.52‰，NPP 氨基酸酯的氮稳定同位素值平均标准偏差为 0.55‰，表明 NPP 与 NAP 氨基酸酯的氮稳定同位素的测定值重复性接近。

通过综合分析可知，氨基酸 NPP 衍生化法优于氨基酸 NAP 衍生化法，NPP 衍生化法是相对理想的氨基酸衍生化方法。

第 3 章　室内受控模拟实验和样品分析方法

3.1　室内受控模拟实验

本研究采用受控生态实验与室内实验相结合的研究手段，进行“小球藻→中华哲水蚤→鳀鱼”关键种食物链主线的模拟研究，该实验在文献[108]所介绍的培养实验基础上进行了方法上的完善。具体的培养实验方法如下。

3.1.1　小球藻的培养实验

(1) 海水的采集：于青岛沿海抽取天然海水，在实验室经过沉淀、砂滤净化后收集备用。

(2) 藻种的选择：选择了生长旺盛、颜色正常、藻液中无沉淀和污染、细胞无附壁的藻种进行培养。

(3) 小球藻的培养：先将净化好的海水加热消毒，然后加入适当的尿素等营养盐配制成培养液。将培养液注入 2 m^3 水族箱，把藻种接入培养液中，培养过程中使用 2 000 lx 恒定荧光灯进行照明，温度保持在 25～30 ℃，pH 值保持在 7～8 之间。小球藻的培养周期为 16 天。

(4) 小球藻样品的采集：在小球藻生长旺盛时期(指数增长时期)采集样品。每次从培养箱中取出几百毫升藻液，采用灼烧(在 450 ℃的马弗炉中预灼烧滤膜)过的沃特曼 GF/F 玻璃纤维滤膜进行真空过滤，在滤膜上收集小球藻样品，进行真空干燥备于后续实验[109]。

3.1.2 中华哲水蚤的培养实验

(1) 蚤种的采集:采用自制的浮游生物网(开孔径 0.8 m,网眼直径 0.5 mm)于青岛近海海域中捕获中华哲水蚤蚤种。由于采样区距离实验室较远,因此选取了较大的容器运输蚤种,在运输途中适当开启容器盖进行通气,以防蚤种群因密度大、密闭时间长而缺氧死亡。回到实验室,静置蚤种 30 min 后给蚤种通氧,同时观察蚤种的状况,待蚤种状况稳定后对蚤种进行分离纯化。

(2) 蚤种的分离纯化:捕捞的中华哲水蚤大小不均,蚤种间混杂有其他杂质和小型浮游动物(如介形虫、轮虫、剑水蚤等)。分离纯化的目的是清除杂质和其他小型浮游动物,挑拣出健康活泼的中华哲水蚤进行培养。具体的分离步骤如下:

第一步分离:根据捕捞水网规格及实验所需的中华哲水蚤的大小,选取不同孔径的目筛逐次分离蚤种,分别采用 40 目、60 目、80 目和 120 目的目筛选取蚤种。经过对比后,选取了 60 目目筛挑拣的中华哲水蚤进行培养。

第二步分离:去除上步选取的蚤种间夹杂的其他小型浮游动物,这些浮游水生动物很难被肉眼分辨,分离中采用了双目解剖镜进行暗光观察剔除(首先取一培养皿,倒入一些蚤种水样,置于双目解剖镜台后仔细观察、挑选、剔除),发现死亡蚤种及浮游动物后采用胶头滴管吸出转移至其他器皿。

第三步分离:经过上步分离后,利用双目解剖镜逐个挑选出游动活泼、具备完整附肢和无可见损伤的蚤种,以备于后续培养实验。

(3) 中华哲水蚤的培养:将分离纯化后的活体蚤种放入两个 2 m^3 玻璃钢水族箱,投入培养好的小球藻进行饲养。培养初期水温控制在 15～20 ℃,气温升高后直接在室温下进行培养。为保证培养水体的质量,每天对水体进行两次 COD 和 DO 监测并记录。中华哲水蚤的培养周期约为 28 天。

(4) 中华哲水蚤样品的采集:采用自制的浮游生物网(开孔径 4 m,网眼直径 0.5 mm)采集中华哲水蚤样品,滤水真空干燥后备于后续实验。

3.1.3 鳀鱼的培养实验

(1) 捕捞鳀鱼:在鳀鱼觅食活动季节(9 月中下旬),于山东半岛近岸海域捕捞幼体鳀鱼,体长为 8～9 cm。采集的鳀鱼量较大,从中挑选出鲜活、健壮和无伤的鳀鱼鱼苗采用人工合成饵料(日清饵料)饲养。采用合成饵料饲养数月后，进行后续培养实验。

（2）鳀鱼的培养：把人工饵料饲养后的鳀鱼放入装有流动海水的水族箱中驯养。驯养结束后，采用实验室培养的活体中华哲水蚤为饵料培养鳀鱼，每天分上午和下午分别向鳀鱼投喂 1 次中华哲水蚤，投放量以达到鳀鱼饱足为准。鳀鱼的培养实验在室温条件下进行，采用自然光照。为了保证水质，适度调节箱内海水流速，以保证海水中的 pH 值、盐度、NH_4-N 和 DO 等指标与天然海水相近。鳀鱼的受控培养实验历时 80 天。

（3）鳀鱼样品的采集：在培养实验（中华哲水蚤为饵料）中每隔 5 天采集一次鳀鱼样品，共采集了 16 个鳀鱼样品，按采集顺序依次编号为 T1～T16 号（鳀鱼肌肉）鳀鱼样品。每次采集鳀鱼样品后马上进行制样，对制取的鳀鱼肌肉样品衍生化后进行 GC-MS 氨基酸分析测试，以全程监测鳀鱼氨基酸的变化动态。

（4）鳀鱼粪便的采集：实验前期，每天采集一次鳀鱼粪便样品，在实验中后期因为饲养鳀鱼的数量减少，改为每 3 天收集一次鳀鱼粪便，采用胶头吸管收集箱底粪便后剔除残饵等杂质，然后将粪便过滤在灼烧（450 ℃）过的沃特曼 GF/F 玻璃纤维滤膜上，收集滤膜上的粪便样品进行真空干燥，最后密封保存备于后续测试实验。

整合上述三个生物培养实验后，便构成了包含三个营养层次的模拟关键种食物链主线——“小球藻→中华哲水蚤→鳀鱼”。室内食物链模拟研究流程如图 3-1 所示。

3.1.4　生物样品的制备

Deniro 等[110]在研究中指出，在生物研究中如果研究对象太小、组织不易分离，分析整体动物是唯一的选择。中华哲水蚤（体长为 2～4 mm）和小球藻（直径仅为 3～8 μm）的个体组织不能分离，在本研究中我们对上述两种生物进行了整体生物研究。动物肌肉属于营养生态学研究中最常使用的组织[79]，因此对于水生脊椎动物鳀鱼，我们侧重研究了其肌肉组织。

在制样过程中，选取了鳀鱼两脊白色肌肉，在玛瑙研钵中捣碎粗化研磨后搅拌均匀。小球藻、中华哲水蚤、鳀鱼粪便和上述研磨后的鳀鱼肌肉样品在60 ℃真空干燥后研磨成细粉，并过 200 目筛，对每种样品进行均质化处理后分成 3 份，在－20 ℃进行密封保存[109]。

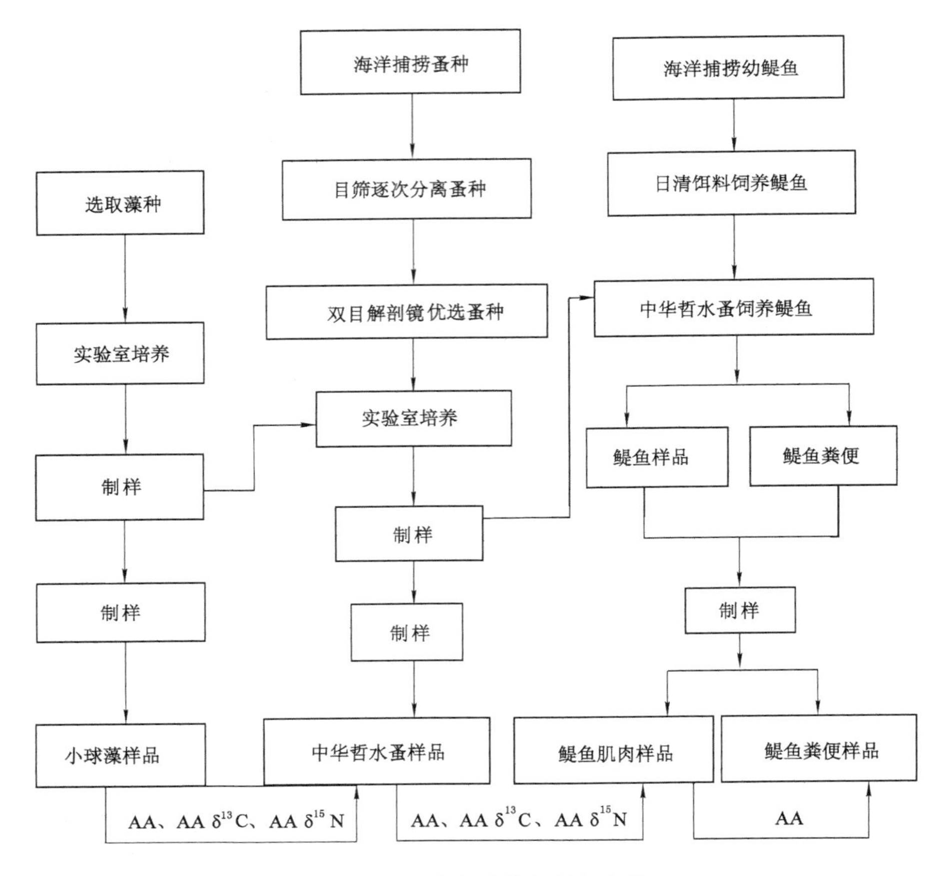

图 3-1 室内食物链模拟研究流程

（AA—氨基酸）

3.2 食物链生物样品的分析方法

3.2.1 小球藻与中华哲水蚤营养成分分析

为了了解和对比小球藻与中华哲水蚤生物样品的营养品质状况，本研究测试分析了上述两种生物中的粗蛋白、粗纤维、粗脂肪和灰分等常规指标。测定前，将样品在 125 ℃条件下干燥 2 h。测量营养成分的实验方法为[111]：

水分(方法 930.15,AOAC 2005);

粗蛋白(方法 990.03,AOAC 2005);

粗纤维(方法 978.10,AOAC 2005);

粗脂肪(方法 920.39,AOAC 2005);

灰分(方法 942.05,AOAC 2005)。

碳水化合物含量确定方法:采用 100%减去水分、脂肪、蛋白质和灰分的百分含量。对小球藻和中华哲水蚤样品中的每种营养成分分别测量了 3 次,确定了测量方法的重复性。

3.2.2　样品的水解方法

样品的水解是提取生物蛋白质中各种氨基酸成分的重要实验环节。样品中的氨基酸是按一定顺序结合成不同类型的肽和蛋白质,因而在测定前要用一定浓度的酸使蛋白质中肽键断裂,水解成多种氨基酸后再进行衍生化处理。酸性水解不容易引起水解产物的消旋化,氨基酸产率比较高,目前在国内外文献报道中,样本氨基酸提取多是采用酸性水解法[79,112]。本研究采用酸性水解法提取了生物样品的氨基酸成分,水解实验步骤如下:

(1) 首先把盐酸重蒸两次[(110±1) ℃],获得 6 mol/L 的恒沸超纯盐酸。

(2) 取样品约 10 mg,放入聚四氟乙烯安瓿瓶中,加入 3 mL 6 mol/L 的超纯盐酸,采用喷枪火焰封口,在 110 ℃条件下水解 24 h。

喷枪火焰封口:本实验采用乙炔火焰喷枪进行封口。首先调好喷枪口火焰大小,将安瓿瓶瓶口放在火焰中上部进行烘烤,一边烘烤一边旋转瓶身以加热均匀,待烘烤处变红软化后缓慢拉伸使安瓿瓶瓶口慢慢变细,再将瓶身固定后缓慢旋转瓶口使瓶口变细处产生螺旋结,然后趁热将瓶口封闭,再把封闭好的安瓿瓶移开,冷却到室温即可。

(3) 打开安瓿瓶瓶口,将水解液在 65 ℃ 的氮气流中蒸干,采用超纯水中和后经旋转仪蒸发至干,然后采用超纯水重新悬浮过滤提纯,提纯后的样品采用强阳离子交换柱深度提纯,在 4 mol/L 的氨水溶液中洗脱,把洗脱液置于 65 ℃氮气流中蒸干备于后续的衍生化反应[102]。

强阳离子交换柱深度提纯:取出储存液中的交换柱,用亚沸蒸馏水反复淋洗 3 次，以彻底清除杂质，将水解液倒入离子柱进行吸附，流速控制在 600～800 mL/h，再以 4 mol/L 氨水洗脱，流速为 450～500 mL/h，最后收集洗脱液备于后续实验。

3.2.3 氨基酸的衍生化法

本研究通过对 NAP 和 NPP 衍生化法进行对比研究，择优选用了 NPP 法进行样品的衍生化处理。衍生化实验的具体步骤参照第 2 章给出的 NPP 衍生化法。

3.2.4 氨基酸的测定方法

液相色谱法(LC)和依据 LC 开发的氨基酸自动分析仪法是分析定量氨基酸成分的两种传统方法。从 20 世纪 90 年代起，国外出现了大量气相色谱-质谱(GC-MS)法测定氨基酸组成和含量的研究报道。目前，氨基酸的 GC-MS 测定方法在国内也得到了迅速的发展和应用，此方法的优势在于气相色谱仪与同位素比值质谱仪的联机应用(GC-C-IRMS)可以深化定量分析单体氨基酸的碳、氮稳定同位素组成，为将来的生物吸收代谢研究提供科学的技术支撑，提高研究成果的可靠性。

氨基酸的测定方法：采用 GC-MS 方法测定了各种生物样品中 15 种单体氨基酸[丙氨酸(Ala)、甘氨酸(Gly)、缬氨酸(Val)、亮氨酸(Leu)、丝氨酸(Ser)、天冬氨酸(Asp)、谷氨酸(Glu)、苯丙氨酸(Phe)、苏氨酸(Thr)、赖氨酸(Lys)、脯氨酸(Pro)、异亮氨酸(Ile)、酪氨酸(Tyr)、组氨酸(His)、蛋氨酸(Met)]的含量(以样品干重为基准的百分含量)。

色谱柱：HP5-MS 色谱柱(30 m×0.32 mm×0.2 μm)。

色谱分析条件：进样口温度设为 230 ℃；恒压控温；传输线控制温度为 280 ℃；色谱柱初温设定为 70 ℃，保持 3 min，先以 20 ℃/min 升温到 230 ℃，保持 6 min，再以 10 ℃/min 升温至 280 ℃，保持 3 min。采用不分流进样，进样量为 1 μL。

质谱分析条件：全扫描(SCAN)质量范围为 33～600 amu，EI 离子源倍增器电压为 1 200 V，离子源温度为 240 ℃，四极杆温度为 150 ℃。测定工作完成后，从全扫描总离子流色谱图中得出各组分的峰高和峰面积，确定出氨基酸的组成，定量计算氨基酸的含量。对样品重复测量 5 次，结果表明所测得的各种样品的氨基酸组分含量的相对标准偏差小于 6%。

3.2.5　生物样品氨基酸碳、氮稳定同位素的测定方法

采用气相色谱-燃烧-同位素比值质谱（GC-C-IRMS）分析方法（Agilent 6890N 气相色谱仪通过燃烧炉依次连接还原炉和 5973N 质谱仪）测量所有样品中氨基酸碳、氮稳定同位素组成。燃烧炉温度设定为 900 ℃，还原炉温度设定为 650 ℃，氦气流量设定为 90～100 mL/min。气相色谱和质谱设定条件同氨基酸的测试条件。测定完成后，从全扫描总离子流色谱图中得出各组分的峰高和峰面积，分别确证出氨基酸的种类，定量计算出氨基酸碳稳定同位素值和氨基酸氮稳定同位素值。氨基酸分子碳、氮稳定同位素测定流程如图 3-2 所示。

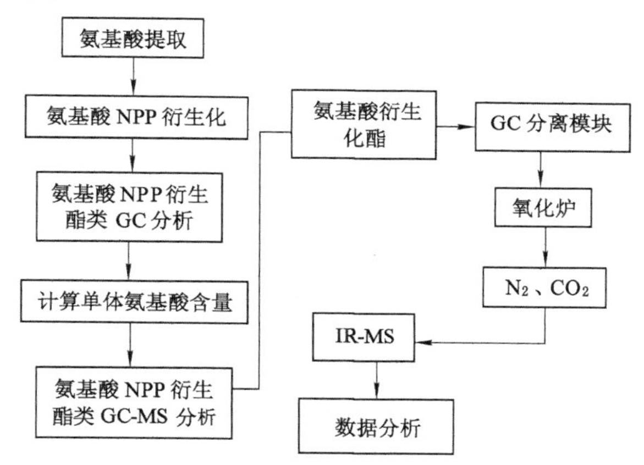

图 3-2　氨基酸分子碳、氮稳定同位素测定流程

对已知同位素值的氨基酸标准混合物采用 GC-MS-IRMS 方法分析了 5 次，确认了同位素测量的重复能力。为了校准外源碳和衍生化中的动力学分馏，碳稳定同位素和氮稳定同位素的标准采用了已知同位素值的二氧化碳参考气体和大气氮参考气体。衍生化过程中确定了外源碳稳定同位素组成的误差平均值为±0.4‰。测量得到生物样品中 12 种氨基酸的碳稳定同位素值[丙氨酸（Ala）、甘氨酸（Gly）、缬氨酸（Val）、亮氨酸（Leu）、丝氨酸（Ser）、天冬氨酸（Asp）、谷氨酸（Glu）、苯丙氨酸（Phe）、苏氨酸（Thr）、赖氨酸（Lys）、脯氨酸（Pro）、异亮氨酸（Ile）]和 11 种氨基酸的氮稳定同位素值[丙

氨酸(Ala)、甘氨酸(Gly)、缬氨酸(Val)、亮氨酸(Leu)、丝氨酸(Ser)、天冬氨酸(Asp)、谷氨酸(Glu)、苯丙氨酸(Phe)、苏氨酸(Thr)、脯氨酸(Pro)、异亮氨酸(Ile)]。测量的生物样品氨基酸碳、氮稳定同位素值与标准样品进行了校正(重复测定样品 5 次)分析,氨基酸碳稳定同位素测量的分析误差小于 0.5‰,氨基酸氮稳定同位素测量的分析误差小于 0.4‰。

3.2.6 生物样品整体碳、氮稳定同位素测定方法

生物样品整体的碳、氮稳定同位素采用 EA-IRMS(Thermo Flash EA1112 型元素分析仪依次连接 Conflo Ⅲ连续流装置和 Thermo Finnigan DELTA plus XP 同位素比值质谱仪)方法进行测定。首先采用锡箔将氨基酸标样(约 4 mg)包裹好,由自动采样器送入氧化炉,样品在氧化炉高温环境(约 1 100 ℃)中迅速气化燃烧,生成的碳、氮气体随高纯氦气进入还原炉(温度设为 650 ℃)转化成气体 CO_2 和 N_2,然后经分离后依次进入质谱仪进行测量。氦气流量设为 90～100 mL/min。同位素测试采用氮气(99.999%)和二氧化碳气体(99.999%)作为参考气体标准[104-105],重复测量碳、氮稳定同位素 3 次,确定的测量精度范围为±0.15‰～0.5‰。

3.2.7 生物样品碳、氮元素的测定方法

模拟食物链鳀鱼、中华哲水蚤和小球藻样品的总碳、总氮、碳氮比(TC、TN、C/N)采用 Flash EA 元素分析仪进行测量。每次称取 40 mg 生物样品,采用快速燃烧法测定分析总碳、总氮及碳氮比。氧化管温度设为 960 ℃,还原管温度设为 500 ℃,加氧时间设为 2 h。测定的工作原理来自普雷格尔测碳与杜马测氮方法。在分解样品时通过一定量的氧气助燃,以氦气为载气,将燃烧气体带过燃烧管和还原管,两管内分别装有氧化剂和还原铜,并填充银丝以去除干扰物质(如卤素等),从还原管流出气体(除氦气以外只有二氧化碳和水)通过一定体积的容器并加以混匀,再由载气带着流出气体通过高氯酸镁吸收管以去除水分。在高氯酸镁吸收管前后各有一个热导池检测器,由两个热导池检测器响应信号之差得出水的含量。除去水分后的气体再通入烧碱石棉吸收管,由吸收管前后热导池信号之差求出二氧化碳含量。最后气体进入一组热导池测量纯氦气与含氮的载气信号差,得出氮的含量。

3.2.8　数据分析

（1）稳定同位素的表达公式为：

$$\Delta\delta X(‰)=[(R_{Sa}/R_{St})-1]\times 1\,000$$

式中，R_{Sa}表示所测样品中$^{13}C/^{12}C$、$^{15}N/^{14}N$ 值；R_{St}表示标准样品中$^{13}C/^{12}C$、$^{15}N/^{14}N$值。

各营养层次的碳稳定同位素（$\delta^{13}C$）和氮稳定同位素（$\delta^{15}N$）的营养分馏因子分别表示为：

$$\Delta^{13}C_{B-A}=\delta^{13}C_B-\delta^{13}C_A,\quad \Delta^{13}C_{C-B}=\delta^{13}C_C-\delta^{13}C_B$$

$$\Delta^{15}N_{B-A}=\delta^{15}N_B-\delta^{15}N_A,\quad \Delta^{15}N_{C-B}=\delta^{15}N_C-\delta^{15}N_B$$

式中，$\delta^{13}C_A$、$\delta^{13}C_B$和 $\delta^{13}C_C$分别表示小球藻、中华哲水蚤和鳀鱼肌肉的 $\delta^{13}C$ 值；$\delta^{15}N_A$、$\delta^{15}N_B$和 $\delta^{15}N_C$分别表示小球藻、中华哲水蚤和鳀鱼肌肉的$\delta^{15}N$值。

（2）各营养层次氨基酸（AA）含量的变化值和非必需氨基酸（NEAA）含量的变化值分别表示为：

$$\Delta AA=AA_{饵料生物}-AA_{消费者},\quad \Delta NEAA=NEAA_{饵料生物}-NEAA_{消费者}$$

（3）数据分析内容：

① 不同样本整体碳、氮稳定同位素值和单体氨基酸稳定同位素值及不同营养层次生物间氨基酸稳定同位素差值使用单独模型、双向方差分析和 Tukey HSD 事后检验来确定。

② 用线性回归模型分析了食物链营养层次间必需氨基酸 $\delta^{13}C$ 值之间的相关性及非必需氨基酸 $\delta^{13}C$ 值之间的相关性。

③ 用线性回归模型分析了食物链营养层次间必需氨基酸 $\delta^{15}N$ 值之间的相关性及非必需氨基酸 $\delta^{15}N$ 值之间的相关性。

④ 用线性回归模型对营养层次间生物组分中非必需氨基酸的百分丰度差值与非必需氨基酸的 $\Delta^{13}C$ 值进行了相关性分析。

⑤ 用线性回归模型对营养层次间生物组分中氨基酸的百分丰度差值与营养层次间氨基酸的 $\Delta^{15}N$ 值进行了相关性分析。

⑥ 用线性回归模型对营养层次间生物组分的氨基酸 $\Delta^{13}C$ 值与 $\Delta^{15}N$ 值进行了相关性分析。

⑦ 用线性回归模型分析比较了营养层次间生物组分氨基酸的相关性。

⑧ 用线性回归模型分析比较了营养层次间鳀鱼氨基酸含量与饲养时间

的线性关系。

⑨ 用线性回归模型分析了鳀鱼肌肉与鳀鱼粪便氨基酸含量的相关性。

⑩ 用线性回归模型分析了鳀鱼粪便氨基酸含量与中华哲水蚤氨基酸含量的相关性。

数据统计分析采用 PRISM 6.0 软件和 Excel 2007 软件完成。使用平均值±标准偏差表示统计值，以 $P<0.05$ 表示差异显著。

3.3 仪器和试剂

3.3.1 试剂

盐酸、异丙醇、二氯甲烷为色谱纯，氯化亚砜、新戊酰氯、氨基酸标样、氢氧化铵、乙酸乙酯为分析纯，均购自美国 Sigma 公司。

3.3.2 仪器

实验中使用的仪器主要包括：Agilent 6890N 气相色谱仪，美国 Agilent 公司；5973N 质谱仪，美国 Agilent 公司；DZF-6050 真空干燥箱，上海一恒仪器有限公司；ME54 电子天平，瑞士梅特勒托利多公司；DZK-88 电热恒温真空干燥箱，上海医疗器械厂；箱型电阻炉，山东省龙口市兰高电炉厂；10 mL 易折安瓿瓶，上海玻璃厂；PXS-1030 双目解剖镜，上海永亨光学仪器制造有限公司；SCX 阳离子交换柱，美国 Agilent 公司；Thermo Flash EA1112 型元素分析仪，美国 Thermo Finnigan 公司；Thermo Finnigan DELTA plus XP 同位素比值质谱仪，美国 Thermo Finnigan 公司；Conflo Ⅲ 连续流装置，美国 Thermo Finnigan 公司。

第 4 章　鳀鱼食物链氨基酸营养传递研究

本实验定量分析了食物链生物组分中 15 种氨基酸的含量。分析结果表明，在模拟食物链营养传递过程中中华哲水蚤具有重要的承上启下作用，它将食物链中小球藻的植物性蛋白质转化成了动物性蛋白质，完成了蛋白质营养在食物链中传递的重要转变过程；相比于小球藻，中华哲水蚤不仅显著提高了谷氨酸、赖氨酸、天冬氨酸、异亮氨酸和亮氨酸等多种氨基酸的含量，而且提高了氨基酸的总含量。作为黄东海食物网优势种及主要经济鱼类的饵料，鳀鱼则在模拟食物链中进一步提高了赖氨酸、缬氨酸、甘氨酸和异亮氨酸等氨基酸的含量。中华哲水蚤的各种氨基酸相对含量与小球藻有较强的相关关系，其中必需氨基酸之间的相关性强于非必需氨基酸。鳀鱼的各种氨基酸相对含量与中华哲水蚤有较强的相关性，两者必需氨基酸的相关性明显强于非必需氨基酸。鳀鱼由日清合成饵料饲养转换为由活体中华哲水蚤饲养时，其体内的氨基酸含量随饵料的变化而发生改变，由与日清饵料显著相关转变为与中华哲水蚤具有更显著的相关性。研究结论还反映出新陈代谢的综合生理过程主导了鳀鱼粪便的氨基酸组成。

4.1　结果与分析

4.1.1　关键种食物链各生物组分的氨基酸分析

如图 4-1 所示，对小球藻、中华哲水蚤和鳀鱼肌肉（T16 号鳀鱼肌肉样品）生物组分分别进行了 15 种氨基酸的测量分析，其中有 8 种必需氨基酸（苏氨酸、异亮氨酸、缬氨酸、苯丙氨酸、亮氨酸、赖氨酸、组氨酸和蛋氨酸）和 7 种非必需氨基酸（丝氨酸、甘氨酸、丙氨酸、脯氨酸、谷氨酸、酪氨酸和天冬氨酸）。

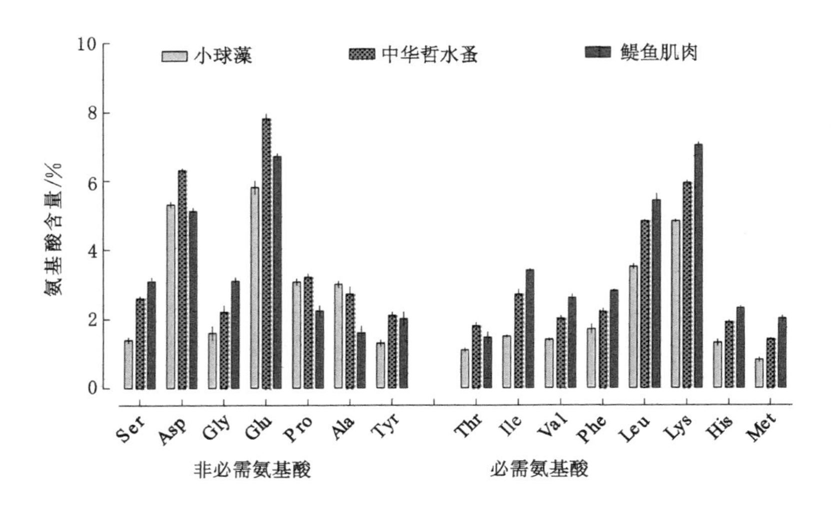

Ala—丙氨酸;Gly—甘氨酸;Val—缬氨酸;Leu—亮氨酸;Ser—丝氨酸;Asp—天冬氨酸;Glu—谷氨酸;Phe—苯丙氨酸;Thr—苏氨酸;Lys—赖氨酸;Pro—脯氨酸;Ile—异亮氨酸;Tyr—酪氨酸;His—组氨酸;Met—蛋氨酸。

图 4-1 小球藻、中华哲水蚤和鳀鱼肌肉的氨基酸含量

由图 4-1 可知,鳀鱼肌肉中的必需氨基酸组成模式与中华哲水蚤相似,两者均是亮氨酸和赖氨酸的含量最高,蛋氨酸的含量最低;在非必需氨基酸中,鳀鱼肌肉含量最高的是天冬氨酸和谷氨酸,这与中华哲水蚤相似,所不同的是鳀鱼肌肉丙氨酸含量最低,中华哲水蚤则是酪氨酸含量最低。与中华哲水蚤相比,除了丝氨酸和甘氨酸,鳀鱼肌肉的多数非必需氨基酸含量呈现降低趋势。但是在鳀鱼肌肉的必需氨基酸中,相对于中华哲水蚤,除了苏氨酸,其他必需氨基酸都呈富集趋势。

如图 4-2 所示,小球藻的氨基酸总含量为 37.57%,在食物链生物组分中为最低值,其消费者中华哲水蚤则将氨基酸总含量提高到了 49.61%,作为黄东海中下层鱼类代表的鳀鱼其氨基酸总含量(50.69%)与中华哲水蚤非常接近。为了观察食性转换效应,本研究还测试了模拟实验开始前喂养鳀鱼的合成饵料的氨基酸含量,结果显示合成日清饵料富含氨基酸,氨基酸总含量高达 60.34%。

小球藻的必需氨基酸以赖氨酸和亮氨酸的含量为最高,而苏氨酸和蛋

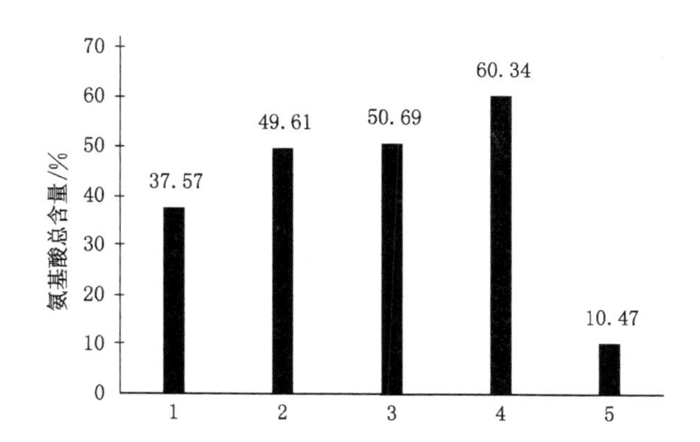

1—小球藻;2—中华哲水蚤;3—合成饵料;4—鳀鱼肌肉;5—鳀鱼粪便。

图 4-2　小球藻、中华哲水蚤、合成饵料、鳀鱼粪便和鳀鱼肌肉的氨基酸总含量

氨酸的含量较低;小球藻的非必需氨基酸中,谷氨酸和天冬氨酸含量最高,丝氨酸和酪氨酸的含量最低(图 4-1)。与食物链中的其他两种生物组分相比,小球藻的丙氨酸含量最高,小球藻中天冬氨酸和脯氨酸高于鳀鱼肌肉而低于中华哲水蚤,其余氨基酸在小球藻中的含量在食物链中均最低。

氨基酸在浮游动物中华哲水蚤体内的含量由高到低依次为:谷氨酸、天冬氨酸、赖氨酸、亮氨酸、脯氨酸和异亮氨酸(图 4-1)。中华哲水蚤与小球藻的氨基酸含量模式非常相似,比如在必需氨基酸组成中,两者均是亮氨酸和赖氨酸含量最高,蛋氨酸和苏氨酸含量最低;对于非必需氨基酸,二者都是天冬氨酸和谷氨酸含量最高,丝氨酸含量最低。虽然两者氨基酸组成模式相近,但氨基酸含量存在很大的差距,如中华哲水蚤的谷氨酸、天冬氨酸、丝氨酸、异亮氨酸和亮氨酸含量明显大于小球藻。

4.1.2　食物链营养层次间氨基酸相关性分析

通过氨基酸分类统计计算分析了小球藻与中华哲水蚤两者之间各种氨基酸含量平均值的相关关系,结果显示:虽然两者之间氨基酸含量的差距比较大,但是中华哲水蚤和小球藻之间必需氨基酸有很强的正相关性,相关系数 $r^2=0.94\pm0.13$($P<0.05$,图 4-3);两者非必需氨基酸也存在显著的密切正相关性,相关系数 $r^2=0.86\pm0.02$($P<0.05$,图 4-4)。

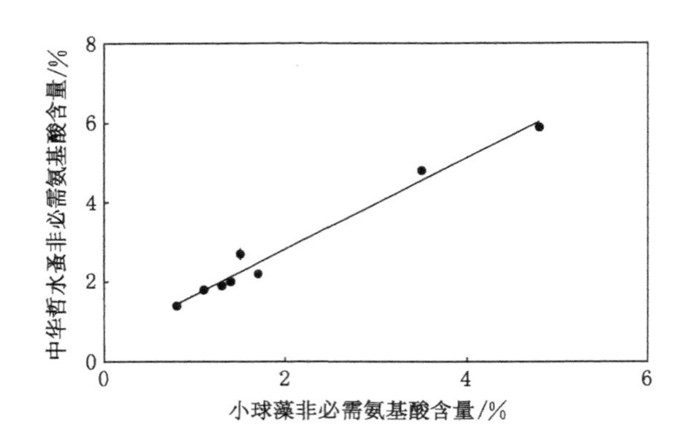

图 4-3 小球藻与中华哲水蚤之间必需氨基酸的相关性

($r^2=0.94\pm0.13$，斜率$=1.142\pm0.02$)

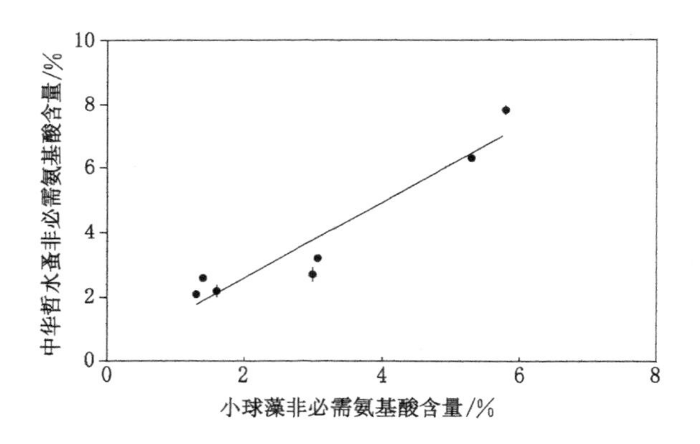

图 4-4 小球藻与中华哲水蚤之间非必需氨基酸的相关性

($r^2=0.86\pm0.02$，斜率$=1.151\pm0.08$)

采用 PRIMS 6.0 软件计算了模拟食物链中中华哲水蚤与鳀鱼肌肉氨基酸含量平均值之间的相关关系，结果表明：在两者必需氨基酸之间存在密切的正相关性，相关系数 $r^2=0.92\pm0.07$($P<0.05$，图 4-5)；两者非必需氨基酸之间也存在显著相关性，相关系数 $r^2=0.82\pm0.22$($P<0.05$，图 4-6)。

4.1.3 食性转换对鳀鱼肌肉氨基酸的影响

如图 4-7 所示，鳀鱼肌肉的氨基酸含量随实验时间呈降低趋势。

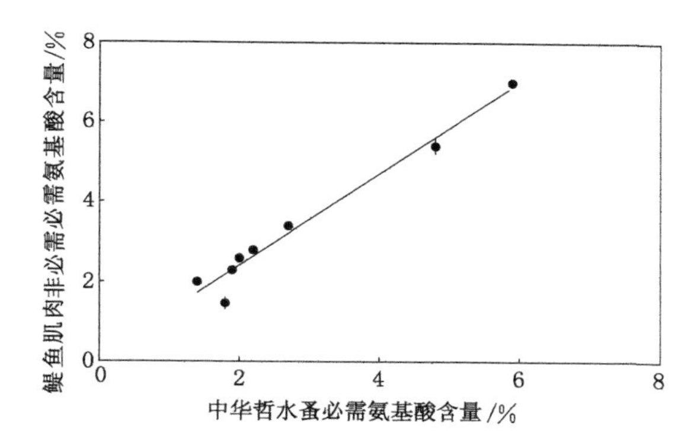

图 4-5　中华哲水蚤和鳀鱼肌肉(T16)之间必需氨基酸的相关性

(r^2=0.92±0.07,斜率=1.138±0.06)

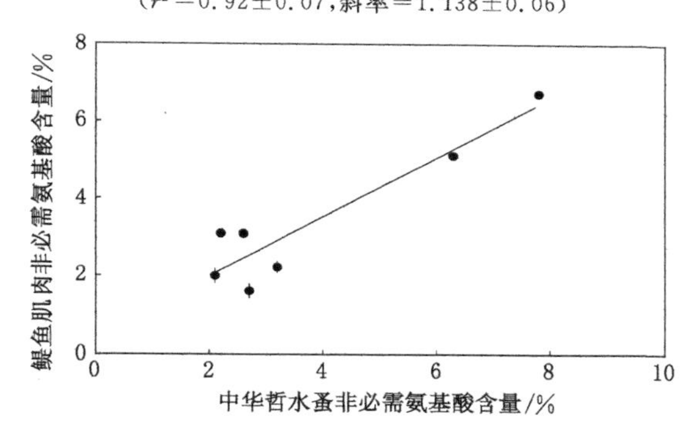

图 4-6　中华哲水蚤与鳀鱼肌肉(T16)之间非必需氨基酸的相关性

(r^2=0.82±0.22,斜率=1.075±0.06)

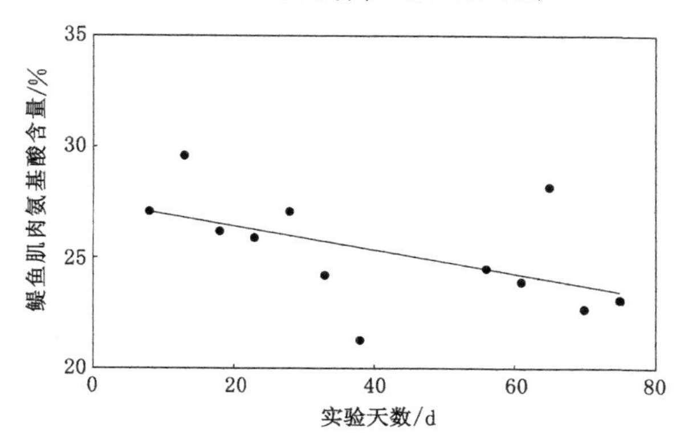

图 4-7　鳀鱼肌肉氨基酸含量随实验时间的变化

(r^2=0.27±0.03,斜率=−0.054±0.02)

将饲养实验初期的鳀鱼肌肉样品 T1 和饲养后期的肌肉样品 T16 分别与日清合成饵料和中华哲水蚤所含的氨基酸进行了比较。由分析结果可知(表 4-1),鳀鱼肌肉样品 T1 与日清合成饵料的氨基酸具有明显的正相关关系,相关系数 $r^2=0.72\pm0.11$($P<0.05$)。鳀鱼肌肉样品 T16 和中华哲水蚤氨基酸之间也存在明显的正相关性,相关系数 $r^2=0.81\pm0.04$($P<0.05$),鳀鱼肌肉样品 T16 与合成饵料两者之间氨基酸含量的相关性不明显,相关系数 $r^2=0.29\pm0.16$。通过对氨基酸组分进行分类统计还表明,早期鳀鱼肌肉样品 T1 与日清合成饵料两者之间必需氨基酸具有显著的正相关关系,相关系数 $r^2=0.78\pm0.02$($P<0.05$),鳀鱼肌肉样品 T1 与中华哲水蚤必需氨基酸之间存在弱相关性,相关系数 $r^2=0.47\pm0.21$;合成饵料与鳀鱼肌肉样品 T16 的必需氨基酸之间不存在显著的正相关关系,相关系数 $r^2=0.19\pm0.01$(比较低)。对于非必需氨基酸,鳀鱼肌肉样品 T1 与合成饵料两者之间也存在正相关性,相关系数 $r^2=0.64\pm0.13$($P<0.05$),鳀鱼肌肉样品 T1 与中华哲水蚤两者之间非必需氨基酸相关关系较弱,相关系数 $r^2=0.48\pm0.03$。鳀鱼肌肉样品 T16 与合成饵料非必需氨基酸之间具有显著弱相关关系,相关系数 $r^2=0.42\pm0.07$($P<0.05$),鳀鱼肌肉样品 T16 与中华哲水蚤非必需氨基酸之间显示出显著的正相关性,相关系数 $r^2=0.82\pm0.22$($P<0.05$)。

表 4-1 不同饵料与鳀鱼肌肉样品之间氨基酸含量的相关系数(r^2)

饵料	日清饵料			中华哲水蚤		
氨基酸种类	15 种氨基酸	必需氨基酸	非必需氨基酸	15 种氨基酸	必需氨基酸	非必需氨基酸
鳀鱼肌肉 T1	0.72±0.11*	0.78±0.02*	0.64±0.13*	0.53±0.06*	0.47±0.21*	0.48±0.03*
鳀鱼肌肉 T16	0.29±0.16	0.19±0.01	0.42±0.07*	0.81±0.04*	0.92±0.07*	0.82±0.22*

注:“*”表示 $P<0.05$ 水平显著相关。

4.1.4 鳀鱼代谢粪便中氨基酸组成分析

本实验还观察了鳀鱼肌肉样品(T16)与鳀鱼排泄物(粪便)之间存在的氨基酸传递关系。饲养中采集的鳀鱼粪便氨基酸总含量比较低(表 4-2),相比于其他氨基酸，酪氨酸和缬氨酸含量比较高，赖氨酸和蛋氨酸的含量比较低。通过 PRISM 6.0 软件进行相关性统计结果表明(表 4-3)，所采集的全部鳀鱼肌肉样品中氨基酸含量的平均值与鳀鱼粪便的氨基酸平均值之间并不存在明显的相关关系，相关系数 $r^2=0.05\pm0.11$(很低)，其中 7 类非必需氨基酸之间的相关系数 $r^2=0.19\pm0.17$(相对较低)，8 种必需氨基酸的相关系数 $r^2=0.014\pm0.02$(相关性更差)。分析结果(表 4-3)还显示中华哲水蚤与鳀鱼粪便氨基酸之间也不存在显著的相关关系，统计两者所有氨基酸的相关系数后得 $r^2=0.13\pm0.21$，其中 8 种必需氨基酸之间的相关系数 $r^2=0.03\pm0.02$，7 种非必需氨基酸之间的相关系数 $r^2=0.29\pm0.08$。

表 4-2　鳀鱼粪便氨基酸百分含量(干样)

氨基酸组成		鳀鱼粪便	
		平均值/%	标准偏差
非必需氨基酸	丝氨酸	0.72	±0.21
	天冬氨酸	0.97	±0.30
	甘氨酸	0.45	±0.02
	谷氨酸	0.93	±0.10
	脯氨酸	0.52	±0.05
	丙氨酸	0.81	±0.21
	酪氨酸	1.21	±0.20
必需氨基酸	苏氨酸	0.68	±0.11
	异亮氨酸	0.53	±0.01
	缬氨酸	1.25	±0.15
	苯丙氨酸	0.45	±0.04
	亮氨酸	0.87	±0.23
	赖氨酸	0.37	±0.17
	组氨酸	0.48	±0.01
	蛋氨酸	0.23	±0.06
总量		10.47	

表 4-3 不同样品之间氨基酸含量的相关系数(r^2)

样品	鳀鱼肌肉 T16			中华哲水蚤		
氨基酸种类	15 种氨基酸	必需氨基酸	非必需氨基酸	15 种氨基酸	必需氨基酸	非必需氨基酸
鳀鱼粪便	0.05±0.11	0.014±0.02	0.19±0.17	0.13±0.21	0.03±0.02	0.29±0.08

4.2 讨论

采用活体饵料对黄东海生态系统食物网关键种食物链的中下营养层次“小球藻→中华哲水蚤→鳀鱼”进行了室内模拟实验研究，以了解氨基酸在该食物链中的传递过程。在食物链中，中华哲水蚤属于初级消费者，在食物链氨基酸营养传递过程中扮演了承上启下的角色，具有重要的蛋白质转换作用，通过摄食饵料使多种必需氨基酸和非必需氨基酸含量得到了显著提高，这与谭烨辉等[113]在珠江口和三亚湾观察到的浮游植物到桡足类的氨基酸富集趋势是一致的。在中华哲水蚤对氨基酸富集趋势的基础上，鳀鱼通过摄食中华哲水蚤进一步将非必需氨基酸丝氨酸、甘氨酸和多数必需氨基酸的含量进行了提高。模拟食物链中，小球藻的氨基酸含量普遍较低，其氨基酸的排序为：谷氨酸＞天冬氨酸＞赖氨酸＞亮氨酸＞脯氨酸等。蔡德陵等[108]对小球藻的氨基酸含量进行了测定，其结果与本研究相比，各种氨基酸的含量均偏低，这可能与小球藻的培养环境、氨基酸的提取实验方法、衍生化反应方法等不同有关。王成刚等[114]测定了由臭氧处理的海水培养的小球藻的氨基酸组成，其中组氨酸含量最高，其他氨基酸的含量按谷氨酸＞缬氨酸＞天冬氨酸＞脯氨酸＞亮氨酸等的顺序依次排列。王爱英等[115]对室内培养的小球藻进行的氨基酸测定结果显示，天冬氨酸含量最高，而亮氨酸、丙氨酸、赖氨酸、精氨酸、甘氨酸和缬氨酸含量依次减少。孙谧[116]对盐藻、钝顶螺旋藻等多种海生微藻的氨基酸含量进行了研究，结果表明几种海洋藻类中氨基酸含量由高到低的排序为：谷氨酸＞天冬氨酸＞甘氨酸和丙氨酸等。对以上结果及本研究结果进行比较后可知，浮游植物藻类中主要氨基酸的构成基本上是一致的，只是含量多少在不同种类之间存在较大差异，这种差异也许是由藻类生长的不同环境条件所造成的。

中华哲水蚤的氨基酸测量结果与谭烨辉等[113]测定的海洋浮游动物桡足类氨基酸的组成模式具有相似性，均是谷氨酸和天冬氨酸含量最高。本研究与蔡德陵等[108]测定的中华哲水蚤的氨基酸的排序基本一致，但是氨基酸的含量之间差距很大，这可能是由样品预处理中不同的分析方法和饲养条件不同造成的。中华哲水蚤与小球藻的氨基酸含量模式非常相似，但是氨基酸含量存在很大的差距，如中华哲水蚤的谷氨酸、天冬氨酸、丝氨酸、异亮氨酸和亮氨酸含量明显大于小球藻，这个结果可能说明了上述氨基酸在模拟食物链中属于中华哲水蚤的限制性氨基酸。鲲鱼肌肉中的必需氨基酸组成模式与中华哲水蚤相似，均是谷氨酸、天冬氨酸、赖氨酸等含量较高，其他鱼类含有的比较丰富的氨基酸普遍为谷氨酸、赖氨酸、亮氨酸和天冬氨酸等[117]，这与本研究的鲲鱼氨基酸组成特征相似。与中华哲水蚤相比，鲲鱼肌肉的多数非必需氨基酸含量均呈现降低趋势，表明了相对于鲲鱼，中华哲水蚤的多数非必需氨基酸过剩。

营养层次之间的氨基酸均具有显著的相关性，表明了食物链上层生物的生物运转机制逐步地使自身各种氨基酸与下层生物的氨基酸组成模式相接近，最终达到了氨基酸平衡[113]。非常重要的发现是赖氨酸在食物链传递过程中具有非常明显的富集趋势，赖氨酸沿食物链的富集对人类健康具有非常重要的作用，这是因为作为人类主食的谷类蛋白质中赖氨酸属于第一限制性氨基酸。海洋生物食品中丰富的赖氨酸有助于人类补充植物性蛋白质中赖氨酸的不足，这与中华哲水蚤等海洋浮游动物在食物网营养物质传递过程中发挥的重要作用密切相关。

因为实验所用的鲲鱼鱼苗样品来自海洋捕捞，为增强鱼苗的成活率，先采用人工合成的日清饵料饲养捕获的幼鱼鱼苗，由我们的测定结果可知合成饵料中的各种氨基酸组成非常均衡丰富，其氨基酸总含量高达50.69%。受控食物链模拟实验开始以后，鲲鱼的饵料变成了由小球藻饲养的活体中华哲水蚤，与中华哲水蚤的氨基酸进行比较，日清饵料中各种氨基酸含量略高于中华哲水蚤(49.61%)。由图 4-7 可知，鲲鱼肌肉的氨基酸含量随实验时间呈降低趋势，线性回归斜率为－0.054±0.02。

综合分析上述结果可知，饵料氨基酸含量的改变可能影响了鲲鱼对蛋白质的吸收利用机制，体现了食性的转换对鲲鱼肌肉各种氨基酸的含量具有明显的影响。

由分析结果可知，初期鳀鱼肌肉样品 T1 与日清合成饵料的氨基酸具有明显的正相关关系，相关系数 $r^2=0.72\pm0.11$（$P<0.05$），这表明食物链模拟实验开始以前，鳀鱼经过合成饵料长达数月之久的饲养后，与合成饵料之间已经建立起了氨基酸营养的动态平衡关系。采用活体中华哲水蚤喂养鳀鱼直到模拟实验结束时，鳀鱼肌肉样品 T16 和中华哲水蚤氨基酸之间存在明显的正相关性，相关系数 $r^2=0.81\pm0.04$（$P<0.05$），但是鳀鱼肌肉样品 T16 与合成饵料氨基酸的相关性相比于 T1 与合成饵料之间的相关性明显变弱，T16 与合成饵料之间氨基酸含量的相关系数 $r^2=0.29\pm0.16$，这进一步表明食性的转换对鳀鱼肌肉的氨基酸组成含量有明显的影响。Kelton 等[79]在研究中也指出侧边底鳉在不同的食物喂养时期，其肌肉氨基酸含量的变化非常明显，侧边底鳉肌肉中多种氨基酸的含量与食物氨基酸的丰度呈正相关性，这与我们的研究结果很相似。黄权等[117]在研究中测定了 29 种鱼类氨基酸的组成和含量，分析发现如把天然水域环境下的饮食条件和池塘人工饲养环境下的鱼类肌肉中氨基酸含量进行比较，两种数据会呈现一定的差异，他们认为这种差别主要与鱼类的饵料发生变化相关，靠食用天然饵料的鱼类体内氨基酸含量要比食用人工饵料的高，而且这种差别与鱼类雌雄也有关系：雌性鱼的氨基酸含量略高于雄性鱼；研究结果还表明当鱼类处于控制性饥饿状态情况下，氨基酸含量也会呈现明显的下降趋势。高煜霞等[118]认为作为鱼体蛋白质沉积物的多种氨基酸在沉积过程中的利用效率并不是一成不变的，要受到鱼类饵料中氨基酸水平和饵料中脂类大分子所提供的消化能量大小的影响；同时还指出鱼类饵料中氨基酸组成状态如饵料来源中氨基酸形态（晶体态氨基酸或是结合态氨基酸）及饵料中营养物质搭配比例也会影响各种氨基酸沉淀为蛋白质的利用效率。与其他陆生动物比较，鱼类体内的必需氨基酸存在更大范围的必然生物代谢过程。由此可知，影响鱼体肌肉氨基酸组成及含量的因素是多样化的。通过对氨基酸组分进行分类统计还表明，鳀鱼早期肌肉样品 T1 与日清合成饵料两者之间必需氨基酸具有显著的正相关关系，相关系数 $r^2=0.78\pm0.02$（$P<0.05$）。在图 4-5 中已说明鳀鱼肌肉样品 T16 与中华哲水蚤必需氨基酸含量之间有明显的正相关性，相关系数 $r^2=0.92\pm0.07$（$P<0.05$），鳀鱼肌肉样品 T16 与 T1 一样，均显示出必需氨基酸营养组成与含量依赖于长期食用的饵料的氨基酸组成。对于非必需氨基酸，鳀鱼肌肉样品 T1 与合成饵料之间

也存在着正相关性，相关系数 $r^2=0.64\pm0.13(P<0.05)$，鳀鱼肌肉样品 T1 与中华哲水蚤之间非必需氨基酸相关关系较弱（表 4-1），鳀鱼肌肉样品 T16 与合成饵料非必需氨基酸之间具有显著弱相关关系（表 4-1），鳀鱼肌肉样品 T16 与中华哲水蚤非必需氨基酸之间显示出显著的正相关性，相关系数 $r^2=0.82\pm0.22(P<0.05)$。

综合上述统计结果，鳀鱼肌肉的必需氨基酸对饵料营养组分的依赖性要明显大于非必需氨基酸。目前在生态营养学领域，越来越多的科学家采用氨基酸及其碳、氮稳定同位素进行食性转换的营养物质传递研究，如日本研究者通过测试碳、氮稳定同位素研究了食性转换中比目鱼的氨基酸变化特征，得到了非常有意义的研究结果[119]。Fantle 等[77]通过氨基酸碳、氮稳定同位素讨论了低蛋白和高蛋白食物分别对蓝蟹生长产生的明显影响，发现采用浮游动物喂养蓝蟹时，蓝蟹中必需氨基酸相对于食物中的氨基酸有明显的富集作用，而且必需氨基酸构成具有相似性。他们还发现以富营养的饵料为食的蟹类生长速度比较快，这种食物可以满足蟹类氨基酸代谢需求的能量以用于蛋白质等化合物的形成。当他们通过氨基酸氮稳定同位素作为标志物进行示踪研究时，发现蟹类新组织的必需氨基酸氮稳定同位素组成跟食物中的必需氨基酸氮稳定同位素组成非常类似。上述这些研究成果都是从食性转换研究中得到的有益结论。

本实验在研究鳀鱼肌肉（T16）与鳀鱼排泄物（粪便）之间存在的氨基酸传递关系时发现饲养中采集的鳀鱼粪便，亮氨酸和缬氨酸含量比较高，赖氨酸和蛋氨酸的含量比较低，这个结果与鳀鱼肌肉样品中的谷氨酸和赖氨酸含量高的特征有非常大的差异，这表明鳀鱼在新陈代谢及蛋白质沉积过程中对赖氨酸有较高的吸收水平，而对缬氨酸的利用率比较低。统计结果表明（表 4-3），所采集的全部鳀鱼肌肉样品中氨基酸含量的平均值与鳀鱼粪便的氨基酸平均值之间并不存在明显的相关关系，虽然中华哲水蚤是食物链模拟过程中鳀鱼的唯一饵料，但是结果显示中华哲水蚤与鳀鱼粪便氨基酸之间也不存在显著的相关关系，这说明鳀鱼粪便氨基酸的含量是由鳀鱼的营养吸收和代谢等综合调控过程决定的，长期食用的饵料——中华哲水蚤对鳀鱼粪便氨基酸组成含量的影响不明显，与鳀鱼肌肉样品中氨基酸含量关系也不显著。到目前为止，国内很少有文献探讨排泄物氨基酸与动物体氨基酸之间的关系，本实验的研究结论也许能为以后的相关研究提供一些有益的参考依据。

4.3 本章小结

(1) 在关键种鳀鱼模拟食物链中,氨基酸沿着食物链由小球藻传递给中华哲水蚤,再由中华哲水蚤传递给鳀鱼。经过长期饲养,三种生物组分的氨基酸组成模式相近。优势种浮游动物中华哲水蚤在食物链中具有承上启下的关键作用,它将植物性蛋白质转化为了动物性蛋白质,不仅提高了蛋白质的质量,而且有效增加了多种氨基酸的含量,这显示了中华哲水蚤在整个黄东海食物网氨基酸传递过程中所起的关键作用。

(2) 对鳀鱼食性转换的讨论表明,影响氨基酸含量变化的因素很多,虽然鳀鱼自身的生理过程主导了氨基酸的含量,属于决定性因素,但研究数据表明不同的饵料对鳀鱼肌肉组织的氨基酸含量会产生显著的影响,而且鳀鱼必需氨基酸对饵料的依赖性强于非必需氨基酸。

(3) 鳀鱼作为我国黄东海捕食食物网中物质传递的关键种类,其新陈代谢过程中排泄出的粪便的氨基酸组成含量取决于鳀鱼的综合生理过程,与鳀鱼自身肌肉组织的氨基酸含量没有明显的相关性,与鳀鱼摄取的饵料氨基酸含量关系也不明显。

第 5 章　鳀鱼食物链氨基酸 $\delta^{13}C$ 分析研究

本章测量了模拟食物链生物组分的氨基酸碳稳定同位素值($\delta^{13}C$)与组织整体的碳稳定同位素值(Bulk $\delta^{13}C$),结果表明:食物链生物组织整体 $\delta^{13}C$ 随营养层次升高而呈富集趋势。在食物链的三个营养层次之间,必需氨基酸 $\delta^{13}C$ 值差异比较小,$\delta^{13}C$ 值之间存在很强的相关性,表明了必需氨基酸营养在营养层次间分馏很少或没有分馏,反映了食物链消费者必需氨基酸直接来自饵料的显著特征。对于非必需氨基酸,$\delta^{13}C$ 值在三个营养层次间差异很大,小球藻与中华哲水蚤之间的 $\Delta^{13}C$ 值变化范围为－1.91‰～＋5.99‰,中华哲水蚤与鳀鱼肌肉之间的 $\Delta^{13}C$ 值变化范围为－5.67‰～＋3.38‰。食物链营养层次之间的非必需氨基酸 $\delta^{13}C$ 值相关性较弱,$\Delta^{13}C$ 值显著偏离 0‰,表明消费者自身合成非必需氨基酸的趋势明显。把营养层次间非必需氨基酸 $\Delta^{13}C$ 值的模式归因于饵料生物碳库的差异和氨基酸组成的差异,则进一步反映了营养传递过程中非必需氨基酸生理代谢的复杂性。

5.1　结果与分析

5.1.1　小球藻与中华哲水蚤的常规成分分析

由分析结果可知,小球藻碳水化合物含量较高(55.3%),而中华哲水蚤碳水化合物含量极少(1.0%);中华哲水蚤粗蛋白含量较高(67.1%),小球藻粗蛋白含量较低(17.2%);中华哲水蚤粗脂肪含量(18.4%)明显高于小球藻(10.3%);中华哲水蚤粗纤维含量非常低(0.42%),明显低于小球藻的粗纤维含量(3.8%),见表 5-1。

表 5-1 小球藻和中华哲水蚤水分、粗蛋白、粗脂肪、粗纤维、碳水化合物和灰分近似分析结果(干样)

样品	粗蛋白	粗脂肪	粗纤维	灰分	水分	碳水化合物
小球藻	17.2	10.3	3.8	2.1	6.2	55.3
中华哲水蚤	67.1	18.4	0.42	3.8	9.7	1.0

5.1.2 关键种食物链生物组分组织整体 $\delta^{13}C$ 和单体氨基酸 $\delta^{13}C$ 分析

由图 5-1、图 5-2 和表 5-2 可知，通过测量食物链中的小球藻、中华哲水蚤和鳀鱼肌肉生物组分，三种生物样品均可得到 12 种单体氨基酸的$\delta^{13}C$值，其中包括 6 种必需氨基酸(苏氨酸、缬氨酸、亮氨酸、异亮氨酸、苯丙氨酸和赖氨酸)和 6 种非必需氨基酸(丙氨酸、甘氨酸、丝氨酸、脯氨酸、天冬氨酸和谷氨酸)。各种生物样品中氨基酸 $\delta^{13}C$ 值的平均变化幅度：小球藻为(15.17±2.8)‰，中华哲水蚤为(20.72±5.1)‰，鳀鱼肌肉为(15.84±3.5)‰。对比三种生物样品组织整体 $\delta^{13}C$ 值，可以得到如下的 $\delta^{13}C$ 值趋势：鳀鱼肌肉＞中华哲水蚤＞小球藻。

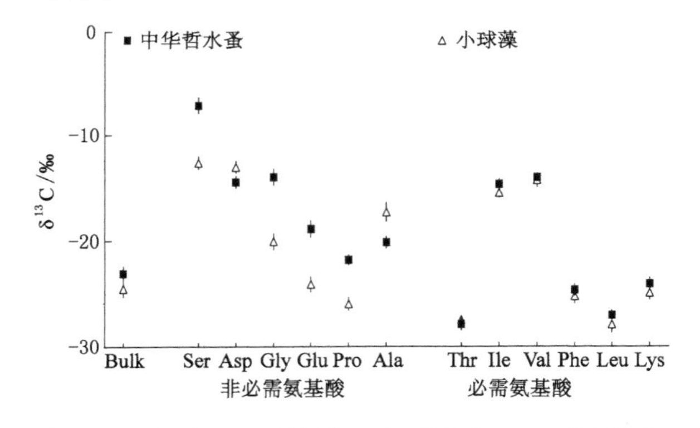

Bulk—样品整体；Ala—丙氨酸；Gly—甘氨酸；Val—缬氨酸；Leu—亮氨酸；Ser——丝氨酸；Asp—天冬氨酸；Glu—谷氨酸；Phe—苯丙氨酸；Thr—苏氨酸；Lys—赖氨酸；Pro—脯氨酸；Ile—异亮氨酸。

图 5-1 小球藻与中华哲水蚤组织整体 $\delta^{13}C$ 值和氨基酸 $\delta^{13}C$ 值

由图 5-1、图 5-2 可知，鳀鱼肌肉、中华哲水蚤和小球藻中必需氨基酸的 $\delta^{13}C$ 值的模式非常相似，均存在缬氨酸＞赖氨酸＞苯丙氨酸＞苏氨酸的模式，其中苏氨酸和亮氨酸在三种生物成分中差别非常小；与必需氨基酸相比，在三种样品中非必需氨基酸 $\delta^{13}C$ 值的模式差异比较大，但也存在几种非必需氨基酸 $\delta^{13}C$ 值具有一致的模式，比如在三种生物处理中 $\delta^{13}C$ 值均存在丝氨酸>天冬氨酸>谷氨酸的模式。

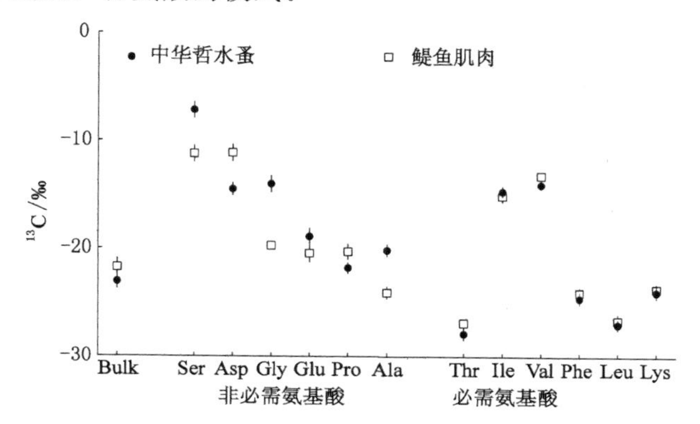

Bulk—样品整体；Ala—丙氨酸；Gly—甘氨酸；Val——缬氨酸；Leu—亮氨酸；Ser—丝氨酸；Asp—天冬氨酸；Glu—谷氨酸；Phe—苯丙氨酸；Thr—苏氨酸；Lys—赖氨酸；Pro—脯氨酸；Ile—异亮氨酸。

图 5-2　鳀鱼肌肉与中华哲水蚤组织整体 $\delta^{13}C$ 值和氨基酸 $\delta^{13}C$ 值

表 5-2　小球藻、中华哲水蚤和鳀鱼肌肉组织整体稳定碳同位素值和氨基酸碳稳定同位素值

氨基酸		小球藻		中华哲水蚤		鳀鱼肌肉	
		平均值/‰	标准偏差	平均值/‰	标准偏差	平均值/‰	标准偏差
非必需氨基酸 $\delta^{13}C$	丝氨酸	−12.72	±0.41	−7.13	±0.55	−11.20	±0.55
	天冬氨酸	−13.09	±0.34	−14.50	±0.39	−11.12	±0.57
	甘氨酸	−20.02	±0.56	−14.03	±0.56	−19.70	±0.01
	谷氨酸	−24.13	±0.51	−19.58	±0.57	−20.39	±0.58
	脯氨酸	−25.89	±0.42	−21.78	±0.32	−20.38	±0.5
	丙氨酸	−18.23	±0.64	−20.14	±0.34	−24.07	±0.34
必需氨基酸 $\delta^{13}C$	苏氨酸	−27.42	±0.23	−27.85	±0.39	−26.96	±0.31
	异亮氨酸	−15.52	±0.31	−14.69	±0.3	−15.13	±0.34
	缬氨酸	−14.33	±0.44	−13.68	±0.19	−12.82	±0.24
	苯丙氨酸	−25.22	±0.48	−24.6	±0.33	−24.07	±0.31
	亮氨酸	−27.89	±0.57	−27.01	±0.29	−26.63	±0.38
	赖氨酸	−25.88	±0.45	−24.03	±0.38	−23.74	±0.29
组织整体 $\delta^{13}C$		−24.49	±0.33	−23.06	±0.26	−21.73	±0.41

由表 5-2 可知，对于小球藻，非必需氨基酸谷氨酸和脯氨酸在其体内富集度比较低，丝氨酸和天冬氨酸富集度比较高，小球藻必需氨基酸异亮氨酸和缬氨酸富集度比较高，亮氨酸和苏氨酸富集度比较低。在食物链的三个营养层次中，除了天冬氨酸、丙氨酸和苏氨酸以外，小球藻中的其他氨基酸 $\delta^{13}C$ 富集程度均较低，其体内多数非必需氨基酸与食物链其他两种生物相比差距比较大，其中也有特殊情况，如小球藻的天冬氨酸 $\delta^{13}C$ 值与中华哲水蚤相差较小，小球藻中甘氨酸的 $\delta^{13}C$ 值与鳀鱼肌肉相近。中华哲水蚤组分中非必需氨基酸甘氨酸、天冬氨酸和丝氨酸，必需氨基酸异亮氨酸和缬氨酸的 $\delta^{13}C$ 富集程度较高；非必需氨基酸脯氨酸和丙氨酸的 $\delta^{13}C$ 富集程度较低，必需氨基酸苏氨酸的 $\delta^{13}C$ 富集程度最低。中华哲水蚤除了天冬氨酸和脯氨酸，其他非必需氨基酸的 $\delta^{13}C$ 富集程度均高于鳀鱼肌肉。鳀鱼肌肉中非必需氨基酸天冬氨酸和丝氨酸的 $\delta^{13}C$ 富集度较高，其必需氨基酸异亮氨酸、缬氨酸等的 $\delta^{13}C$ 富集度较高，而非必需氨基酸丙氨酸、必需氨基酸苏氨酸的 $\delta^{13}C$ 富集程度相对较低。

5.1.3 关键种食物链营养层次间 $\delta^{13}C$ 分馏量($\Delta^{13}C$)分析

由分析可知(图 5-3、表 5-3)，在模拟食物链中随营养层次升高，中华哲水蚤与鳀鱼肌肉的整体 $\delta^{13}C$ 均呈富集趋势，$\Delta^{13}C_{B\text{-}A}$ 与 $\Delta^{13}C_{C\text{-}B}$ 值分别为 1.43‰、1.33‰。除了天冬氨酸，食物链中各营养层次之间氨基酸 $\Delta^{13}C$ 值的模式一般跟组织整体 $\Delta^{13}C$ 值的模式一致，即 $\Delta^{13}C_{B\text{-}A} > \Delta^{13}C_{C\text{-}B}$。氨基酸 $\Delta^{13}C_{B\text{-}A}$ 与 $\Delta^{13}C_{C\text{-}B}$ 相比，$\Delta^{13}C_{B\text{-}A}$ 有最大的正值(5.99‰)，而 $\Delta^{13}C_{C\text{-}B}$ 有最大的负值(−5.67‰)。在食物链中，单体氨基酸 $\Delta^{13}C_{B\text{-}A}$ 和 $\Delta^{13}C_{C\text{-}B}$ 值均有较大的变化范围，如小球藻到中华哲水蚤，氨基酸 $\Delta^{13}C_{B\text{-}A}$ 值的变化范围从丙氨酸的 −1.91‰到谷氨酸的 +5.99‰；中华哲水蚤到鳀鱼肌肉，氨基酸 $\Delta^{13}C_{C\text{-}B}$ 值的变化范围从甘氨酸的 −5.67‰到天冬氨酸的 +3.38‰。食物链营养层次间非必需氨基酸的 $\Delta^{13}C$ 值有显著差异($P<0.05$)，必需氨基酸之间差异不显著($P>0.05$)。中华哲水蚤和小球藻之间必需氨基酸的 $\Delta^{13}C_{B\text{-}A}$ 值差异不大，两种样品之间所有必需氨基酸 $\Delta^{13}C_{B\text{-}A}$ 值跟 0‰没有显著差异；相反，中华哲水蚤与鳀鱼之间非必需氨基酸的 $\Delta^{13}C_{B\text{-}A}$ 值跟 0‰相比具有较大的差异。中华哲水蚤和鳀鱼肌肉之间的必需氨基酸 $\Delta^{13}C_{C\text{-}B}$ 值也非常相近，两者之间所有必需氨基酸 $\Delta^{13}C_{C\text{-}B}$ 值跟 0‰也没有显著差异($P>0.05$)，而非必需氨基酸

的 $\Delta^{13}C_{C\text{-}B}$ 值跟 0‰之间存在较大的差异。

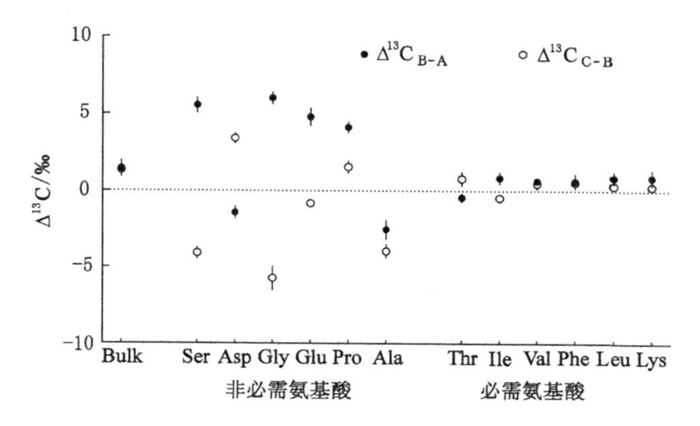

Bulk—样品整体；Ala—丙氨酸；Gly—甘氨酸；Val—缬氨酸；Leu—亮氨酸；Ser—丝氨酸；
Asp—天冬氨酸；Glu—谷氨酸；Phe—苯丙氨酸；Thr—苏氨酸；
Lys—赖氨酸；Pro—脯氨酸；Ile—异亮氨酸。

图 5-3　营养层次间生物组织整体 $\Delta^{13}C$ 值和氨基酸 $\Delta^{13}C$ 值

表 5-3　生物组织整体 $\Delta^{13}C$ 值和氨基酸 $\Delta^{13}C$ 值　　单位：‰

氨基酸		$\Delta^{13}C_{B\text{-}A}$	$\Delta^{13}C_{C\text{-}B}$
非必需氨基酸 $\delta^{13}C$	丝氨酸	5.59	−4.07
	天冬氨酸	−1.41	3.38
	甘氨酸	5.99	−5.67
	谷氨酸	5.55	−0.81
	脯氨酸	4.11	1.40
	丙氨酸	−1.91	−3.93
必需氨基酸 $\delta^{13}C$	苏氨酸	−0.43	0.89
	异亮氨酸	0.83	−0.44
	缬氨酸	0.65	0.86
	苯丙氨酸	0.62	0.53
	亮氨酸	0.88	0.38
	赖氨酸	0.85	0.29
组织整体 $\delta^{13}C$		1.43	1.33

5.1.4 关键种食物链营养层次间氨基酸 δ¹³C 值的相关性分析

本研究采用 PRISM 6.0 软件对模拟食物链营养层次间的氨基酸 δ¹³C 值进行了相关性分析，相关性参数见表 5-4。

表 5-4　营养层次间氨基酸碳稳定同位素的相关性参数

	必需氨基酸		非必需氨基酸	
	$\delta^{13}C_A,\delta^{13}C_B$	$\delta^{13}C_B,\delta^{13}C_C$	$\delta^{13}C_A,\delta^{13}C_B$	$\delta^{13}C_B,\delta^{13}C_C$
斜率	0.94±0.03	1.1±0.2	0.77±0.16	0.73±0.16
截距	−1.2±0.4	0.89±0.3	−1.40±2.6	−5.17±2.60
相关系数(r^2)	0.96±0.02	0.94±0.15	0.56±0.18	0.58±0.07
检验统计量(P)	<0.05	<0.05	<0.05	<0.05

由分析可知(图 5-4～图 5-7 和表 5-4)，鳀鱼肌肉中必需氨基酸的 δ¹³C 值与中华哲水蚤中必需氨基酸 δ¹³C 值具有非常显著的相关关系，相关系数 $r^2=0.96\pm0.02$($P<0.05$)，而两者非必需氨基酸之间相关性比较弱，相关系数 $r^2=0.56\pm0.18$($P<0.05$)；中华哲水蚤与小球藻的必需氨基酸 δ¹³C 值之间具有较强的相关关系，相关系数 $r^2=0.94\pm0.15$($P<0.05$)，两者非必需氨基酸 δ¹³C 值之间的相关关系比较弱，相关系数 $r^2=0.58\pm0.07$($P<0.05$)。

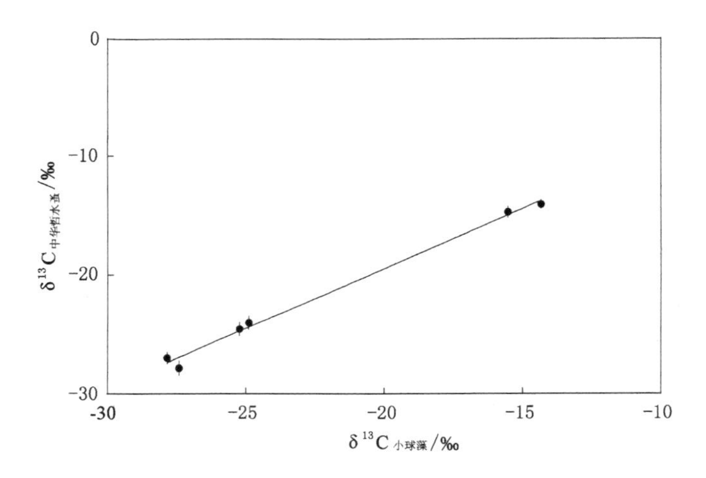

图 5-4　小球藻与中华哲水蚤之间必需氨基酸 δ¹³C 值的相关性

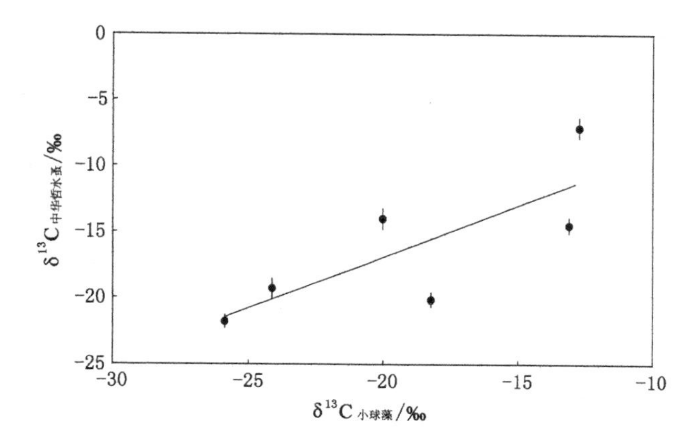

图 5-5　小球藻与中华哲水蚤之间非必需氨基酸 δ^{13}C 值的相关性

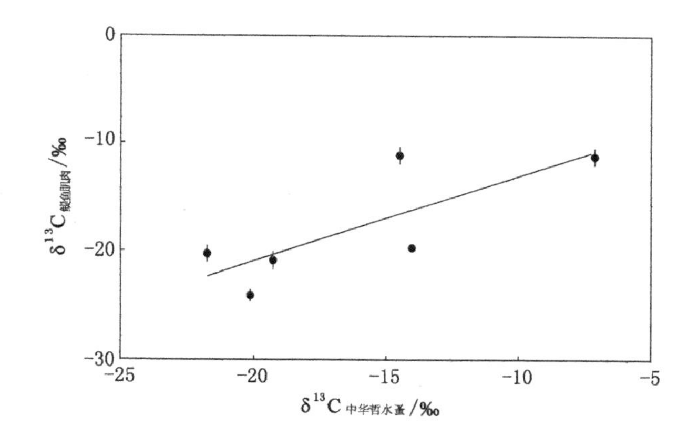

图 5-6　中华哲水蚤与鳀鱼肌肉之间非必需氨基酸 δ^{13}C 值的相关性

通过分析“小球藻→中华哲水蚤→鳀鱼”食物链的 δ^{13}C 值可知，营养层次间必需氨基酸 δ^{13}C 值之间均具有非常密切的相关关系，鳀鱼肌肉非必需氨基酸 δ^{13}C 值和中华哲水蚤非必需氨基酸 δ^{13}C 值的相关性与小球藻和中华哲水蚤之间非必需氨基酸 δ^{13}C 值的相关性相近。

5.1.5　关键种食物链氨基酸 ΔNEAAs 与 Δ^{13}C 值的比较分析

相比于中华哲水蚤，小球藻只有非必需氨基酸丙氨酸过剩，其余非必需氨基酸均表现为不足，丙氨酸的 $\Delta^{13}C_{B\text{-}A}$ 值（-1.91‰）却出现了负的最大值，

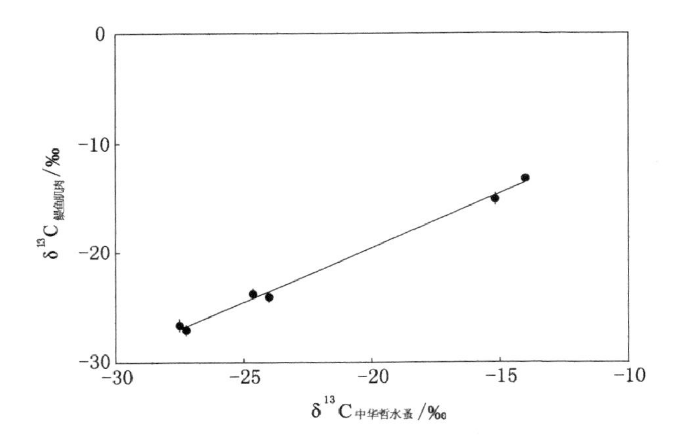

图 5-7　中华哲水蚤与鳀鱼肌肉之间必需氨基酸 $\delta^{13}C$ 值的相关性

而其他氨基酸(除了天冬氨酸、丙氨酸外)$\Delta^{13}C_{B\text{-}A}$值却均是正值,表现为富集状态。相对于鳀鱼肌肉,中华哲水蚤的多数非必需氨基酸均表现为过剩,只有丝氨酸和甘氨酸表现为不足。相对于鳀鱼肌肉,当中华哲水蚤中非必需氨基酸含量表现为过剩时,非必需氨基酸在营养传递过程中却出现了比较复杂的$\Delta^{13}C_{C\text{-}B}$值,如从中华哲水蚤到鳀鱼,天冬氨酸和脯氨酸含量过剩,两种氨基酸的$\delta^{13}C$呈富集状态;谷氨酸和丙氨酸含量过剩,但是两种氨基酸的 $\delta^{13}C$ 呈贫化状态。相对于鳀鱼,中华哲水蚤的甘氨酸和丝氨酸相对不足,如图 5-8、图 5-9

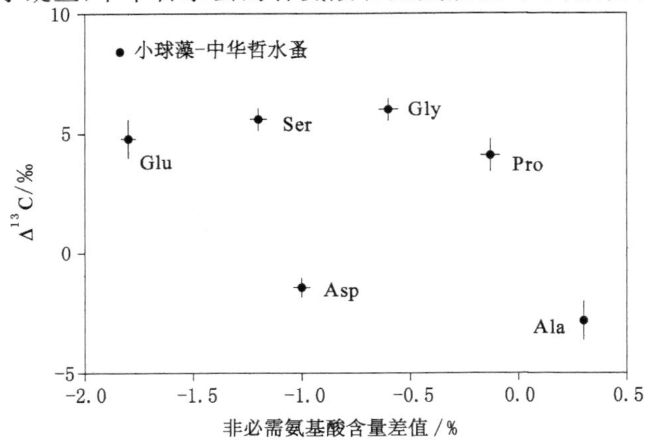

图 5-8　非必需氨基酸 $\Delta^{13}C$ 值与 ΔNEAAs 值比较分析散点图

(r^2=0.22±0.15,斜率=−2.406±1.128)

所示。两者之间的甘氨酸和丝氨酸 $\Delta^{13}C_{C\text{-}B}$ 出现了较大的负值（$\Delta^{13}C_{C\text{-}B}$ 值分别为 −5.67‰、−4.07‰）。

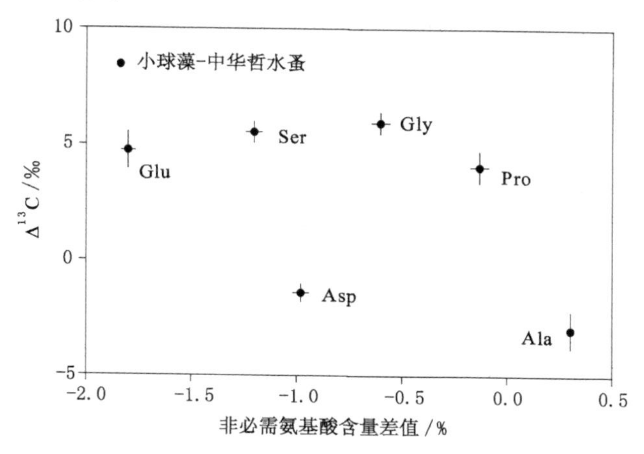

图 5-9　非必需氨基酸 $\Delta^{13}C$ 值与 ΔNEAAs 值比较分析散点图

（r^2＝0.44±0.08，斜率＝2.630±0.719 1）

5.2　讨论

本实验研究了中国黄东海食物网关键种鳀鱼简化食物链"小球藻→中华哲水蚤→鳀鱼"营养层次间碳稳定同位素的分馏状况。蛋白质是生物和肌肉的重要组成部分，使得氨基酸成为影响组织整体 $\delta^{13}C$ 值的一个主要因素，单体氨基酸的 $\delta^{13}C$ 值一般反映了组织整体 $\delta^{13}C$ 值的模式[72]，本研究也出现了类似的结果。例如，模拟食物链中总是浮游植物小球藻的氨基酸 $\delta^{13}C$ 枯竭程度最大；作为动物性样本，中华哲水蚤和鳀鱼肌肉氨基酸的 $\delta^{13}C$ 通常富集程度较高；数据分析结果也显示生物整体 $\delta^{13}C$ 随食物链呈富集趋势，这与食物链中单体氨基酸 $\delta^{13}C$ 的传递模式一致。在一般文献中，营养级之间组织整体稳定同位素的富集值与本实验所得数值之间存在少量差距，这一偏差可能是由驯养环境与自然环境中真实食物网的差异性所导致的。食物链蛋白质同位素移动程度的波动导致了营养级生物间各种氨基酸 $\Delta^{13}C$ 值差异的复杂性，在营养层次间所有的必需氨基酸 $\delta^{13}C$ 值变化较小，非必需氨基酸的 $\delta^{13}C$ 值变化较大，营养层次间不同氨基酸 $\delta^{13}C$ 的分馏变化特征反映了这些氨基酸的不同代谢历史。本研究的这些变化情况跟多种类群的研究结果类似,包括与来自陆地的脊椎动物[72-73]与植物之间、无脊椎动物[77,81]与植物之间的氨基酸 $\delta^{13}C$ 分馏状况相似。在三种样品中,多数氨基酸 $\delta^{13}C$ 值存在相近的模式,这种一致性可能反映了两个主要因素的影响:① 食物成分直接进入消费者组织;② 植物和动物中某些氨基酸的主要生物合成途径存在相似性。

模拟食物链营养层次间的所有必需氨基酸的 $\Delta^{13}C$ 值接近 0‰,表明食物链下层生物到上层消费者之间必需氨基酸没有显著的碳同位素分馏,必需氨基酸 $\delta^{13}C$ 在各营养层次之间有很强的相关性也支持了这个结论,表明必需氨基酸之间的回归斜率接近于 1。Kelton 等[79]认为这种回归斜率大约等于饵料生物中碳直接到上层生物的比例,即认同必需氨基酸在很大程度上直接被移动到消费者体内,本实验的数据分析结果也表明了必需氨基酸在很大程度上由食物直接移动到上层生物,或者是营养级生物间必需氨基酸的主要生物转化途径存在相似性,之前关于各种类群和组织的研究也认同这些结论。结合前人的研究可知,这些发现一般适用于多种类群和组织类型[72-73,77]。

虽然植物和细菌可以重新合成氨基酸,但是大多数动物失去了为正常生长能以足够速度合成必需氨基酸的必要酶,因此动物必须直接从食物获得这些氨基酸营养[79]。一般认为,消费者必需氨基酸如苯丙氨酸和亮氨酸的 $\delta^{13}C$ 值一定能反映食物网底端主要生产者的同位素轨迹[120]。应当指出的是,当涉及从共生肠道微生物群落获得很大部分细菌合成氨基酸的食草动物时,这种关系可能会被隐蔽[121]。一般来讲,必需氨基酸能够真实反映食物来源,这使得稳定同位素分析成为觅食生态和食物重建的强大工具,比如通过必需氨基酸 $\delta^{13}C$ 值,研究者让人们了解到古人类和草食动物等的食性趋势[122]、湿地食物重建对支持蓝蟹生长的重要性等信息。这种方法也为调查高度移动的消费者(在同位素不同的食物网移动)的食物提供了一个强大的新工具。

食物链非必需氨基酸 $\Delta^{13}C$ 值与 0‰有显著偏离,相对于必需氨基酸,不同营养层次之间不同的氨基酸 $\Delta^{13}C$ 有更大的变化,如小球藻到中华哲水蚤的多数非必需氨基酸的 $\Delta^{13}C_{B\text{-}A}$ 值要显著高于中华哲水蚤到鳀鱼肌肉的 $\Delta^{13}C_{C\text{-}B}$ 值,这种变化反映了面对自身需求,消费者必须通过各种代谢过程来合成各种非必需氨基酸满足自身的营养需要，同时产生了转换为其他代谢物的动力学同位素分馏，这可能可以解释非必需氨基酸营养分馏的复杂性。除了丙氨酸和天冬氨酸外，浮游植物小球藻到中华哲水蚤的非必需氨基酸 $\delta^{13}C$ 主要呈富集状态，较大的 $\Delta^{13}C_{B\text{-}A}$ 正值说明中华哲水蚤的一些非必需氨基酸从头进行生物合成的程度非常大，而且小球藻属于植物类饵料，蛋白质含量低，可能迫使受控实验中的中华哲水蚤自身合成了这些非必需氨基酸，小球藻非必需氨基酸 $\delta^{13}C$ 值跟中华哲水蚤非必需氨基酸 $\delta^{13}C$ 值之间的线性回归方程也支持了这个结论。前人的研究表明，喂食高蛋白质食物的时候，生物体通常会从食物转移大多数氨基酸作为维持能量的一种手段，因为直接移动营养物质一般比从头合成更有效[73]，相对于鳀鱼肌肉，中华哲水蚤蛋白质含量较高、多数氨基酸富余，两者之间非必需氨基酸的 $\Delta^{13}C_{C\text{-}B}$ 值一般是负值，鳀鱼肌肉整体的 $\delta^{13}C$ 却属于富集水平，说明鳀鱼会从中华哲水蚤转移多数非必需氨基酸，同时非必需氨基酸 $\delta^{13}C$ 可能具有向鳀鱼肌肉整体碳库进行分馏的动力学过程，鳀鱼肌肉与中华哲水蚤之间非必需氨基酸 $\delta^{13}C$ 值的线性回归方程的斜率也显示了这种趋势。然而，有的研究者也认为鱼类使用很大部分食物蛋白用于能量维持，因此鱼的食物移动程度可能比陆生脊椎动物低[71]。

在本研究中发现鳀鱼肌肉脯氨酸的 $\delta^{13}C$ 值跟谷氨酸的 $\delta^{13}C$ 值很接近，从中华哲水蚤到鳀鱼肌肉，两种氨基酸的 $\Delta^{13}C$ 值均显著偏离 0‰，表明脯氨酸通过希夫碱中间体从谷氨酸合成而不是直接来自中华哲水蚤；在中华哲水蚤中发现了非必需氨基酸进行生物合成的证据，中华哲水蚤的脯氨酸与谷氨酸 $\delta^{13}C$ 值的差异比较大，而且小球藻与中华哲水蚤之间谷氨酸 $\Delta^{13}C_{B\text{-}A}$ 值与 0‰差距也比较大，反映了脯氨酸和谷氨酸进入中华哲水蚤的途径不同。如果中华哲水蚤的脯氨酸和谷氨酸的来源都是同位素移动或生物合成，预计它们应该有相似的 $\delta^{13}C$ 值，在小球藻与中华哲水蚤之间谷氨酸出现了较大的 $\Delta^{13}C_{B\text{-}A}$ 值，也许表明了中华哲水蚤的脯氨酸直接来自小球藻蛋白质，而谷氨酸是由自身生物转化而成。当中华哲水蚤谷氨酸进行合成的时候，出现了较大同位素分馏效应，这跟 Hare 等[71]发现的猪骨胶原蛋白质从食物直接移动脯氨酸和生物合成谷氨酸的结果类似。其他氨基酸也会有相似的 $\delta^{13}C$ 值传递证据，这表明食物链中非必需氨基酸不同程度的同位素移动、从头合成和代谢分馏可以显著改变消费者组织相对于底层生物的不同

$\delta^{13}C$ 值，这些机制使得食物链稳定同位素关系非常复杂。

尽管三种生物的氨基酸组成模式相近，但营养层次间多数氨基酸含量差异显著。那么当饵料生物中非必需氨基酸相对于消费者组成较少时，消费者是否会出现更高程度的氨基酸生物合成？有研究者认为，当食物中氨基酸相对于消费者含量不足时，往往会有更大程度的氨基酸营养分馏，尤其是当食物中的非必需氨基酸不充分时，一般会出现 $\Delta^{13}C$ 值偏大，在消费者食用高蛋白食物时，这种趋势会更加明显[73]。如在本研究中，中华哲水蚤相对于鳀鱼肌肉，甘氨酸和丝氨酸相对不足，两种氨基酸的 $\Delta^{13}C_{C\text{-}B}$ 值均出现了较大的负值，但两者之间其他的非必需氨基酸并不存在上述规律，说明食物中部分非必需氨基酸为满足消费者的需要出现了氨基酸营养分馏的相应移动。相对于中华哲水蚤，除了丙氨酸外，小球藻其余的非必需氨基酸均表现为不足，其中丝氨酸和谷氨酸含量贫化程度最大，丝氨酸和谷氨酸的 $\Delta^{13}C_{B\text{-}A}$ 出现了较大的正值；天冬氨酸贫化程度也比较大，但其 $\Delta^{13}C_{B\text{-}A}$ 为比较小的负值；甘氨酸和脯氨酸的贫化程度比较小，但两者也出现了较大的 $\Delta^{13}C_{B\text{-}A}$ 正值。由此可知，小球藻与中华哲水蚤之间的一些非必需氨基酸也不存在上述规律，表明食物链营养层次间非必需氨基酸含量的差异只能解释一小部分的 $\Delta^{13}C$ 值。

非必需氨基酸 $\Delta^{13}C$ 值的差异可能也反映了消费者对植物类食物与动物类食物整体碳库利用的差异。小球藻碳水化合物（55.3%）比脂质（10.3%）多，而中华哲水蚤具有相反的趋势，其脂质（18.4%）多于碳水化合物（1.0%）。中华哲水蚤以小球藻为食，两者非必需氨基酸的 $\Delta^{13}C_{B\text{-}A}$ 多为较大的正值，说明中华哲水蚤非必需氨基酸的生物合成似乎依靠 $\delta^{13}C$ 比较丰富的碳库，这可能表明碳水化合物对于整体碳库的贡献很大[122]。Howland 等[72]在采用植物类食物喂食猪的实验中，得到的猪骨胶原蛋白的 $\Delta^{13}C$ 值与本研究结果类似，表明大多数非必需氨基酸（尤其是谷氨酸、脯氨酸和甘氨酸）的 $\Delta^{13}C$ 是很大的正值；Kelton 等[79]采用植物类食物喂食侧边底鳉时，也得出了侧边底鳉的大多数非必需氨基酸的 $\Delta^{13}C$ 值是较大的正值的结论。因此，可以认为类似的代谢过程可能控制大多数以植物类食物为食的动物的 $\Delta^{13}C$ 值。如果以动物类食物的脂质作为能量的重要来源进行分解代谢，相对于植物类食物，它们可能会提供 $\delta^{13}C$ 相对枯竭的碳库，非必需氨基酸会从中进行生物合成，这也许可以解释为什么浮游动物中华哲水蚤到鳀鱼肌肉

的氨基酸 $\Delta^{13}C_{C\text{-}B}$ 值一般是负数，而且比浮游植物小球藻到中华哲水蚤的氨基酸 $\Delta^{13}C_{B\text{-}A}$ 值小很多，如中华哲水蚤到鳀鱼肌肉与小球藻到中华哲水蚤之间差距最大的是甘氨酸和丝氨酸的 $\Delta^{13}C_{B\text{-}A}$ 值，中华哲水蚤与鳀鱼肌肉之间的甘氨酸和丝氨酸的 $\Delta^{13}C_{C\text{-}B}$ 值要小很多，这两种氨基酸也是从碳水化合物(作为葡萄糖进入糖酵解)合成的最早氨基酸，葡萄糖转化为 3-磷酸甘油酸盐，这是甘氨酸和丝氨酸的初期形式。相对于小球藻到中华哲水蚤，中华哲水蚤与鳀鱼肌肉之间的丙氨酸 $\Delta^{13}C$ 值出现了变小的趋势，非必需氨基酸丙氨酸在 3-磷酸甘油酸盐转化几个步骤后，从丙酮酸盐中合成，由此消费者和动物类食物之间的丙氨酸 $\Delta^{13}C$ 值变小，经历很多步骤之后，其余的非必需氨基酸从草酰乙酸和酮戊二酸盐中间体合成，这可能导致了这些氨基酸在模拟食物链中的 $\Delta^{13}C$ 值较小。

由上述分析可知，氨基酸在食物链的传递过程中，植物性和动物性生物的不同碳库源可能会导致营养层次间非必需氨基酸的 $\delta^{13}C$ 分馏状况的差异非常大[73,81]。

5.3　本章小结

本实验研究的是“小球藻→中华哲水蚤→鳀鱼”受控简化食物链中氨基酸碳稳定同位素的变化特征。在三种生物样品中，消费者与饵料之间必需氨基酸关系紧密，$\Delta^{13}C$ 值接近于 0‰，说明经过了最低程度的碳稳定同位素分馏后，饵料的必需氨基酸基本转成了消费者的蛋白质，这反映了肽键形成或断裂的同位素效应虽然存在相应的差异[123]，但是必需氨基酸代谢重构程度非常小。食物链必需氨基酸差异的一致模式表明，必需氨基酸可以作为食物网中蛋白质的有用生物标志物进行深入的食物网物质流动研究。这与多名研究者的研究结果一致，表明了必需氨基酸的 $\delta^{13}C$ 可以作为研究食物网觅食生态和饮食重建的“强大”示踪剂[75,81-82]，这是本研究得到的有重要意义的结论。

本研究与多名研究者的结论很相似[81-83]，均认为消费者对食物非必需氨基酸的应用与必需氨基酸相比更加复杂，在模拟食物链的不同营养层次间非必需氨基酸碳稳定同位素的比值差别较大，而且非必需氨基酸的 $\Delta^{13}C$ 值与氨基酸含量的变化值之间相关性不紧密。虽然机体的生理代谢过程是决定食物链生物非必需氨基酸 $\delta^{13}C$ 分馏作用的主要因素，但是其他因素所引起的分馏作用也很明显，如在本研究模拟食物链中，下层生物中的氨基酸组成与含量对上层消费者氨基酸碳稳定同位素比率产生了明显的影响，小球藻的贫蛋白质属性影响了中华哲水蚤非必需氨基酸的吸收代谢方式，通过食用富含蛋白的中华哲水蚤来促使消费者鳀鱼从食物直接移动非必需氨基酸的倾向比较显著。饵料生物的不同碳库具有不同的 $\delta^{13}C$，这也可能是导致消费者非必需氨基酸 $\delta^{13}C$ 分馏状况差异性的原因之一。

目前，要获取食物链非必需氨基氨酸传递过程中的准确信息有待进一步的研究。例如，通过研究食物链生物脂质和碳水化合物碳素进入三羧酸循环及进入氨基酸转化步骤之间的准确分馏状况来确定非必需氨基酸 $\delta^{13}C$ 值中关于其代谢历史的信息，可能会使人们更清楚地了解食物链非必需氨基酸的代谢状况与转化机制。

第 6 章　鳀鱼食物链氨基酸 $\delta^{15}N$ 分析研究

本章测量了模拟食物链生物组分中氨基酸氮稳定同位素值与组织整体氮稳定同位素值，结果表明：组织整体氮稳定同位素和氨基酸氮稳定同位素随营养层次升高均呈富集趋势。必需氨基酸在三个营养层次间均存在显著的正相关性，营养层次间必需氨基酸 $\delta^{15}N$ 值之间差异较大，必需氨基酸 $\Delta^{15}N$ 的大小模式具有一致性。对于非必需氨基酸，$\delta^{15}N$ 值在营养层次间差异也比较大，小球藻与中华哲水蚤 $\delta^{15}N$ 值之间的相关性较弱，中华哲水蚤与鳀鱼肌肉组分之间非必需氨基酸的 $\delta^{15}N$ 值存在比较显著的相关关系。对三个营养层次间氨基酸含量的差异与氮稳定同位素分馏作用进行了比较，结果表明二者之间不存在明显的相关关系。对三个营养层次间氨基酸碳稳定同位素的差异与氮稳定同位素的分馏作用进行了比较，结果表明两者之间也不存在密切的相关性。本研究的分析结果反映出模拟食物链生物组分之间氨基酸氮稳定同位素分馏作用的复杂性。

6.1　结果与分析

6.1.1　关键种食物链生物组分组织整体 $\delta^{15}N$ 和单体氨基酸 $\delta^{15}N$ 分析

由表 6-1 可知，通过分析测量得到三种生物组分的 11 种单体氨基酸 $\delta^{15}N$值，其中包含 6 种非必需氨基酸（丙氨酸、甘氨酸、丝氨酸、脯氨酸、天冬氨酸和谷氨酸）和 5 种必需氨基酸（苏氨酸、缬氨酸、亮氨酸、异亮氨酸和苯丙氨酸）。食物链中三种组分中生物组织整体 $\delta^{15}N$ 值的变化趋势：鳀鱼肌肉＞中华哲水蚤＞小球藻。氨基酸 $\delta^{15}N$ 平均值的变化幅度：小球藻为－9.72‰～－1.31‰，中华哲水蚤为－7.31‰～3.43‰，鳀鱼肌肉为

－6.90‰～10.81‰。在模拟食物链营养层次之间，各种氨基酸的 $\delta^{15}N$ 值与整体 $\delta^{15}N$ 值的变化趋势一致，即：鳀鱼肌肉＞中华哲水蚤＞小球藻（图 6-1、图 6-2）。

表 6-1 食物链各生物组织整体 $\delta^{15}N$ 值和单体氨基酸 $\delta^{15}N$ 值

氨基酸		小球藻		中华哲水蚤		鳀鱼肌肉	
		平均值/‰	标准偏差	平均值/‰	标准偏差	平均值/‰	标准偏差
非必需氨基酸 $\delta^{15}N$	甘氨酸	－5.32	±0.42	－3.84	±0.20	－1.33	±0.60
	丝氨酸	－9.72	±0.40	－5.32	±0.21	－3.44	±0.31
	天冬氨酸	－1.31	±0.28	3.43	±0.11	4.24	±0.32
	谷氨酸	－5.60	±0.51	2.75	±0.31	10.81	±0.23
	脯氨酸	－4.89	±0.35	2.84	±0.27	8.71	±0.31
	丙氨酸	－4.53	±0.55	－1.21	±0.32	6.34	±0.21
必需氨基酸 $\delta^{15}N$	苏氨酸	－2.32	±0.43	1.40	±0.20	3.24	±0.59
	异亮氨酸	－4.19	±0.19	0.44	±0.19	6.46	±0.35
	缬氨酸	－2.98	±0.41	2.84	±0.27	8.77	±0.39
	苯丙氨酸	－7.74	±0.30	－7.31	±0.41	－6.90	±0.32
	亮氨酸	－6.84	±0.10	－2.58	±0.28	3.53	±0.07
组织整体 $\delta^{15}N$		－4.25	±0.61	－1.72	±0.40	1.56	±0.41

在必需氨基酸中，小球藻的苯丙氨酸和亮氨酸 $\delta^{15}N$ 值较低，苏氨酸和缬氨酸的 $\delta^{15}N$ 值较高；在中华哲水蚤中，必需氨基酸苯丙氨酸和亮氨酸的 $\delta^{15}N$ 值较低，缬氨酸和苏氨酸的 $\delta^{15}N$ 值较高；鳀鱼肌肉中必需氨基酸苯丙氨酸的 $\delta^{15}N$值较低，缬氨酸和异亮氨酸的 $\delta^{15}N$ 值较高。对于非必需氨基酸，小球藻中的非必需氨基酸丝氨酸和谷氨酸的 $\delta^{15}N$ 值较低，而天冬氨酸的 $\delta^{15}N$ 值较高；非必需氨基酸丝氨酸和甘氨酸的 $\delta^{15}N$ 值在中华哲水蚤中较低，这个结果与鳀鱼肌肉一致；非必需氨基酸天冬氨酸的 $\delta^{15}N$ 值在中华哲水蚤中较高，鳀鱼肌肉中非必需氨基酸谷氨酸和脯氨酸的 $\delta^{15}N$ 值较高。

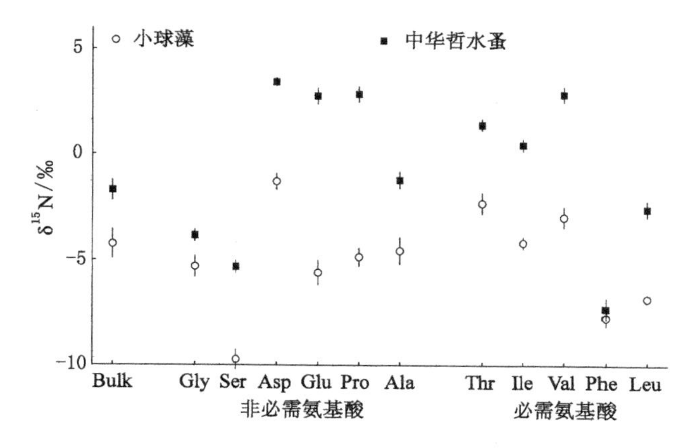

Bulk—样品整体；Ala—丙氨酸；Gly—甘氨酸；Val—缬氨酸；Leu—亮氨酸；Ser—丝氨酸；Asp—天冬氨酸；Glu—谷氨酸；Phe—苯丙氨酸；Thr—苏氨酸；Pro—脯氨酸；Ile—异亮氨酸。

图 6-1　小球藻与中华哲水蚤组织整体 $\delta^{15}N$ 值和单体氨基酸 $\delta^{15}N$ 值

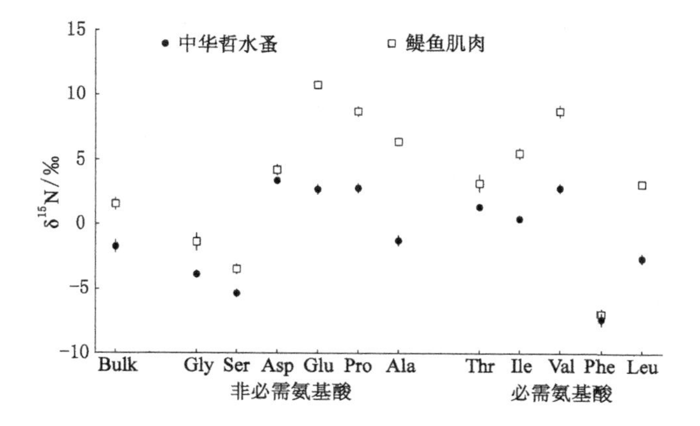

Bulk—样品整体；Ala—丙氨酸；Gly—甘氨酸；Val—缬氨酸；Leu—亮氨酸；Ser—丝氨酸；Asp—天冬氨酸；Glu—谷氨酸；Phe—苯丙氨酸；Thr—苏氨酸；Pro—脯氨酸；Ile—异亮氨酸。

图 6-2　鳀鱼肌肉与中华哲水蚤组织整体 $\delta^{15}N$ 值和单体氨基酸 $\delta^{15}N$ 值

6.1.2　关键种食物链营养层次之间氨基酸 $\delta^{15}N$ 分馏量($\Delta^{15}N$)分析

由表 6-2 可知，食物链营养层次之间氨基酸的 $\Delta^{15}N$ 值差异比较大。对于必需氨基酸，小球藻与中华哲水蚤之间氨基酸 $\Delta^{15}N_{B\text{-}A}$ 值的变化范围为 0.43‰(苯丙氨酸)～5.82‰(缬氨酸)，中华哲水蚤与鳀鱼肌肉之间必需氨

基酸 $\Delta^{15}N_{C-B}$值的变化范围为 0.41‰(苯丙氨酸)～6.11‰(亮氨酸)，苯丙氨酸 $\delta^{15}N$ 在两个营养层次间差异均最小。

表 6-2 食物链生物组织整体 $\Delta^{15}N$ 值和单体氨基酸 $\Delta^{15}N$ 值 单位:‰

氨基酸		$\Delta^{15}N_{B-A}$	$\Delta^{15}N_{C-B}$
非必需氨基酸	甘氨酸	1.48	2.51
	丝氨酸	4.40	1.88
	天冬氨酸	4.74	0.81
	谷氨酸	8.35	8.06
	脯氨酸	7.73	5.87
	丙氨酸	3.32	7.55
必需氨基酸	苏氨酸	3.72	1.84
	异亮氨酸	4.63	6.02
	缬氨酸	5.82	5.93
	苯丙氨酸	0.43	0.41
	亮氨酸	4.26	6.11
组织整体 $\Delta^{15}N$		2.53	3.28

由图 6-3 可知，5 种必需氨基酸 $\Delta^{15}N$ 值在营养层次间的构成模式相近。由表 6-2 知，小球藻与中华哲水蚤之间非必需氨基酸 $\Delta^{15}N_{B-A}$值的变化范围为 1.48‰(甘氨酸)～8.35‰(谷氨酸)；对于非必需氨基酸，中华哲水蚤与鳀鱼

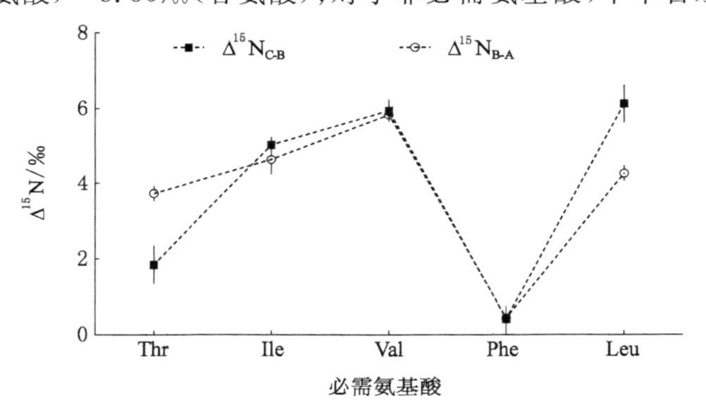

Val—缬氨酸；Leu—亮氨酸；Phe—苯丙氨酸；Thr—苏氨酸；Ile—异亮氨酸。

图 6-3 食物链营养层次间必需氨基酸的 $\Delta^{15}N$ 值

肌肉相比，$\Delta^{15}N_{C-B}$值的变化范围为 0.81‰（天冬氨酸）～8.06‰（谷氨酸）。

由图 6-4 可知，在营养层次间 6 种非必需氨基酸 $\Delta^{15}N$ 值的构成模式非常复杂。

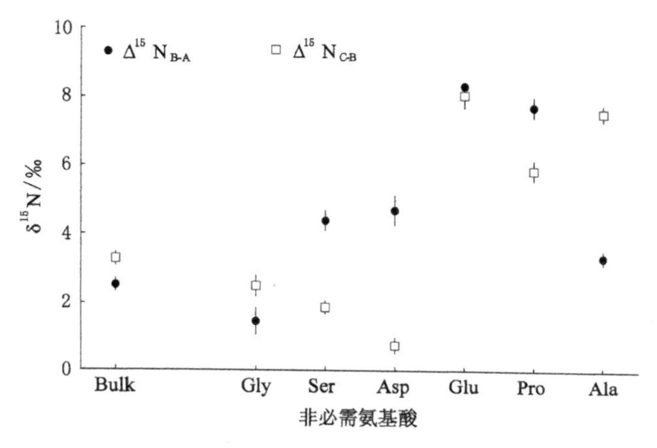

Bulk—样品整体；Ala—丙氨酸；Gly—甘氨酸；Ser—丝氨酸；Asp—天冬氨酸；Glu—谷氨酸；Pro——脯氨酸。

图 6-4　食物链营养层次间非必需氨基酸 $\Delta^{15}N$ 值

6.1.3　关键种食物链营养层次间氨基酸 δ¹⁵N 值的相关性分析

通过相关性分析可知，小球藻与中华哲水蚤之间非必需氨基酸 $\delta^{15}N$ 值的相关性较弱，相关系数 $r^2=0.52\pm0.21$（$P<0.05$，图 6-5、表 6-3），两者之

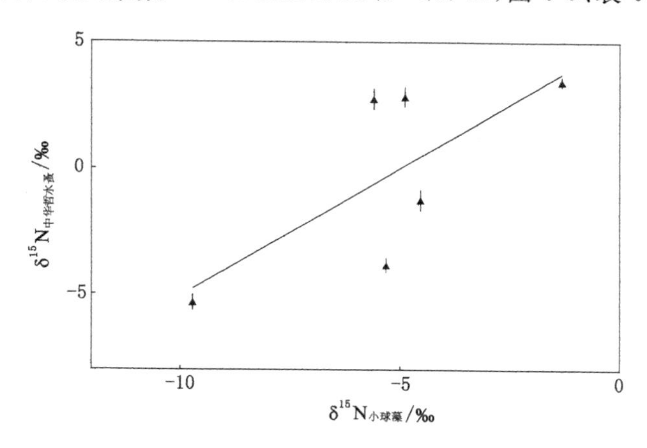

图 6-5　小球藻与中华哲水蚤之间非必需氨基酸 $\delta^{15}N$ 值的相关性

间的必需氨基酸 $\delta^{15}N$ 值存在较强的相关关系，相关系数 $r^2=0.85\pm0.04$（$P<0.05$，图 6-6、表 6-3）；中华哲水蚤与鳀鱼肌肉之间必需氨基酸 $\delta^{15}N$ 值也具有较强的相关关系，相关系数 $r^2=0.86\pm0.32$（$P<0.05$，图 6-7、表 6-3），中华哲水蚤与鳀鱼肌肉之间非必需氨基酸具有显著的相关关系，相关系数 $r^2=0.73\pm0.64$（$P<0.05$，图 6-8、表 6-3）。

由分析可知，鳀鱼肌肉中必需氨基酸 $\delta^{15}N$ 值与中华哲水蚤 $\delta^{15}N$ 值的相关性近似于小球藻与中华哲水蚤必需氨基酸 $\delta^{15}N$ 值的相关性。小球藻与中华哲水蚤之间非必需氨基酸 $\delta^{15}N$ 值的相关性弱于鳀鱼肌肉中非必需氨基酸 $\delta^{15}N$ 值跟中华哲水蚤 $\delta^{15}N$ 值的相关性。

表 6-3 营养层次间氨基酸氮稳定同位素的相关性参数

	必需氨基酸		非必需氨基酸	
	$\delta^{15}N_A$，$\delta^{15}N_B$	$\delta^{13}N_B$，$\delta^{15}N_C$	$\delta^{15}N_A$，$\delta^{15}N_B$	$\delta^{15}N_B$，$\delta^{15}N_C$
斜率	1.57±0.18	1.35±0.15	1.01±0.24	1.28±0.19
截距	6.53±0.94	4.23±0.56	5.08±1.41	4.56±0.66
相关系数（r^2）	0.85±0.04	0.86±0.32	0.52±0.21	0.73±0.64
检验统计量（P）	<0.05	<0.05	<0.05	<0.05

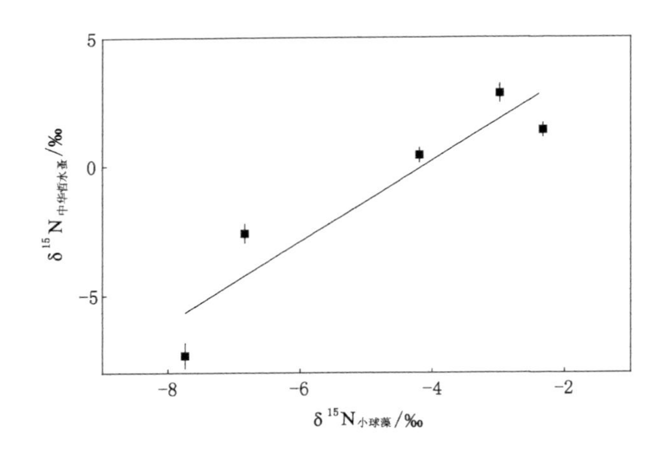

图 6-6 小球藻与中华哲水蚤之间必需氨基酸 $\delta^{15}N$ 值的相关性

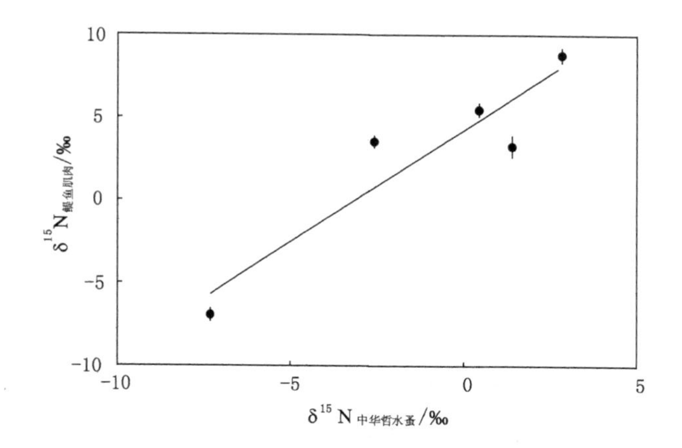

图 6-7　鳀鱼肌肉与中华哲水蚤之间必需氨基酸 $\delta^{15}N$ 值的相关性

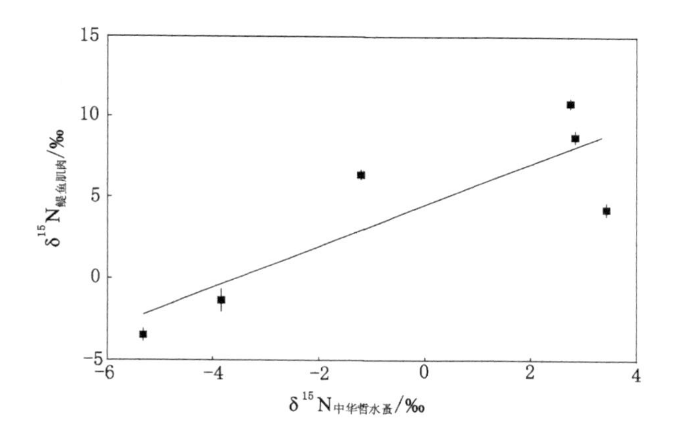

图 6-8　鳀鱼肌肉与中华哲水蚤之间非必需氨基酸 $\delta^{15}N$ 值的相关性

6.1.4　关键种食物链营养层次间氨基酸 ΔAAs 与 $\Delta^{15}N$ 的比较分析

与消费者中华哲水蚤相比，小球藻只存在非必需氨基酸丙氨酸含量过剩，其余非必需氨基酸含量均表现为不足，但两者间非必需氨基酸在营养传递过程中的 $\Delta^{15}N_{B\text{-}A}$ 均为正值，其中丙氨酸和甘氨酸的 $\Delta^{15}N_{B\text{-}A}$ 为偏低的正值，谷氨酸、脯氨酸、丝氨酸和天冬氨酸的 $\Delta^{15}N_{B\text{-}A}$ 出现了偏高的正值（表 6-2、图 6-9）。

由分析可知，中华哲水蚤与小球藻之间非必需氨基酸含量的差值

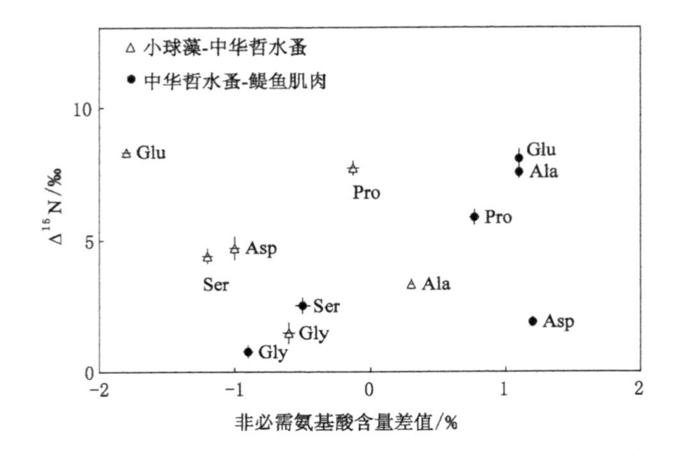

图 6-9 食物链营养层次间非必需氨基酸 $\Delta^{15}N$ 值与 ΔNEAAs 值比较分析散点图

(ΔNEAAs)与非必需氨基酸 $\Delta^{15}N_{B\text{-}A}$ 值之间不存在显著相关性，相关系数 $r^2=0.14\pm0.05$(图 6-9、表 6-4)。

表 6-4 食物链营养层次间氨基酸 $\Delta^{15}N$ 值与 ΔAAs 值之间的相关性参数

	必需氨基酸		非必需氨基酸	
	$\Delta AA_{B\text{-}A}$, $\Delta^{15}N_{B\text{-}A}$	$\Delta AA_{C\text{-}B}$, $\Delta^{15}N_{C\text{-}B}$	$\Delta AA_{B\text{-}A}$, $\Delta^{15}N_{B\text{-}A}$	$\Delta AA_{C\text{-}B}$, $\Delta^{15}N_{C\text{-}B}$
斜率	1.29±3.05	−0.45±3.5	−1.31±0.80	2.29±0.63
截距	−2.16±2.81	−3.01±2.1	0.40±0.81	3.38±0.60
相关系数(r^2)	0.013±0.12	0.001±1.03	0.14±0.05	0.46±0.09
检验统计量(P)	>0.05	>0.05	>0.05	<0.05

中华哲水蚤相对于鳀鱼，除了丝氨酸和甘氨酸含量不足，其余的非必需氨基酸含量均过剩，其中天冬氨酸的 ΔNEAAs 值最高，两者间非必需氨基酸在营养传递过程中的 $\Delta^{15}N_{C\text{-}B}$ 也均为正值，天冬氨酸、丝氨酸和甘氨酸的 $\Delta^{15}N$ 是较低的正值，脯氨酸、谷氨酸和丙氨酸的 $\Delta^{15}N$ 是较高的正值。在鳀鱼肌肉与中华哲水蚤之间，ΔNEAAs 跟氨基酸 $\Delta^{15}N_{C\text{-}B}$ 之间存在较弱的正相关性，相关系数 $r^2=0.46\pm0.09$($P=0.04$，图 6-9、表 6-4)，其中两种样品中天冬氨酸的含量变化与其氮稳定同位素分馏因子之间的关系明显地降低了上述的相关系数。必需氨基酸的 ΔEAAs 与 $\Delta^{15}N$ 在小球藻与中华哲水蚤及

中华哲水蚤与鳀鱼肌肉之间均未出现显著相关性(图 6-10)。

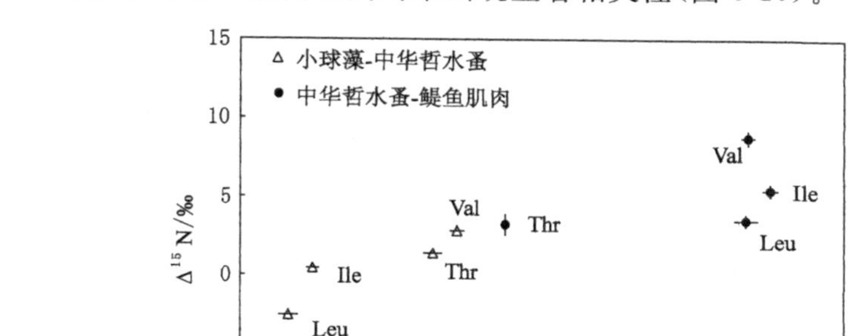

图 6-10　食物链营养层次间必需氨基酸 $\Delta^{15}N$ 值与 ΔEAAs 值比较分析散点图

由图 6-10 可知,小球藻必需氨基酸含量相对于中华哲水蚤均不足,但是二者间必需氨基酸的 $\Delta^{15}N_{B\text{-}A}$ 均为正值,其中缬氨酸、苏氨酸和异亮氨酸 $\Delta^{15}N_{B\text{-}A}$ 值最高,苯丙氨酸的 ΔEAA 值为最小的负值,但苯丙氨酸的 $\Delta^{15}N_{B\text{-}A}$ 为最低值。相对于鳀鱼,除了苏氨酸之外,中华哲水蚤其余的必需氨基酸含量都过剩,二者间必需氨基酸的 $\Delta^{15}N_{C\text{-}B}$ 均为正值,其中苯丙氨酸的 $\Delta^{15}N_{C\text{-}B}$ 为最低值,与苯丙氨酸的 $\Delta^{15}N_{B\text{-}A}$ 值相似。

6.1.5　关键种营养层次间氨基酸 $\Delta^{13}C$ 与 $\Delta^{15}N$ 的比较分析

通过分析比较营养层次间生物组分的非必需氨基酸 $\Delta^{13}C$ 值与 $\Delta^{15}N$ 值可知(图 6-11),小球藻与中华哲水蚤中非必需氨基酸之间的 $\Delta^{13}C_{B\text{-}A}$ 值与 $\Delta^{15}N_{B\text{-}A}$ 值不存在显著的相关性,相关系数 $r^2=0.025\pm0.06$(表 6-5)。

对比上述两种生物样品,非必需氨基酸甘氨酸和丝氨酸的 $\Delta^{13}C_{B\text{-}A}$ 值为较大值,而两种氨基酸的 $\Delta^{15}N_{B\text{-}A}$ 值为较小值;非必需氨基酸谷氨酸和脯氨酸在小球藻与中华哲水蚤之间的 $\Delta^{13}C_{B\text{-}A}$ 值和 $\Delta^{15}N_{B\text{-}A}$ 值均比较大;非必需氨基酸天冬氨酸和丙氨酸 $\Delta^{13}C_{B\text{-}A}$ 为负值时,小球藻与中华哲水蚤之间的 $\Delta^{15}N_{B\text{-}A}$ 为正值。中华哲水蚤与鳀鱼肌肉之间的非必需氨基酸 $\Delta^{13}C_{C\text{-}B}$ 与 $\Delta^{15}N_{C\text{-}B}$ 值同样不存在显著相关性,相关系数 $r^2=0.006\pm0.04$(表 6-5、图 6-11),两种样品之间非必需氨基酸甘氨酸和丝氨酸的 $\Delta^{13}C_{C\text{-}B}$ 均属于较高的负值,而甘氨

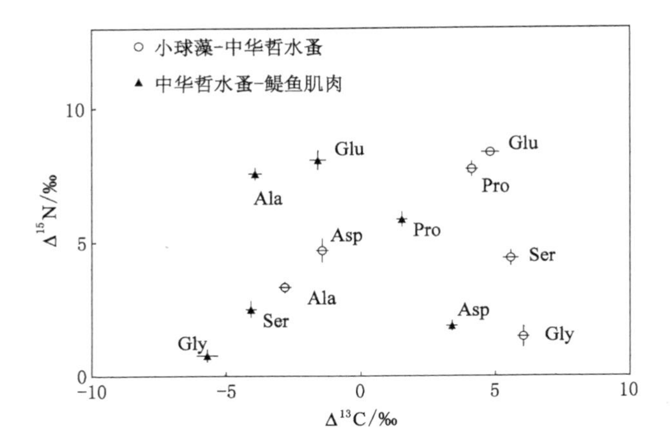

图 6-11 食物链营养层次间非必需氨基酸 $\Delta^{15}N$ 值与 $\Delta^{13}C$ 值比较分析散点图

酸和丝氨酸的 $\Delta^{15}N_{C-B}$ 值均属于较低的正值；两者之间非必需氨基酸谷氨酸和丙氨酸的 $\Delta^{13}C_{C-B}$ 值为较低的负值，两种氨基酸的 $\Delta^{15}N_{C-B}$ 值均为较高的正值；脯氨酸和天冬氨酸 $\Delta^{13}C_{C-B}$ 与 $\Delta^{15}N_{C-B}$ 值均为正值。

小球藻与中华哲水蚤之间必需氨基酸 $\Delta^{13}C_{B-A}$ 与 $\Delta^{15}N_{B-A}$ 值没有显著的相关性，相关系数 $r^2=0.003\pm0.04$（$P>0.05$，表 6-5、图 6-12）；小球藻与中华哲水蚤之间必需氨基酸苏氨酸的 $\Delta^{13}C_{B-A}$ 值为负，而其 $\Delta^{15}N_{B-A}$ 值为正；异亮氨酸和亮氨酸的 $\Delta^{13}C_{B-A}$ 值和 $\Delta^{15}N_{B-A}$ 值有相近的差异特征；两种生物样品之间的必需氨基酸苯丙氨酸 $\Delta^{13}C_{B-A}$ 值和 $\Delta^{15}N_{B-A}$ 值相近。

表 6-5 食物链营养层次间氨基酸 $\Delta^{15}N$ 值与 $\Delta^{13}C$ 值之间的相关性参数

	必需氨基酸		非必需氨基酸	
	$\Delta^{13}C_{B-A}$，$\Delta^{15}N_{B-A}$	$\Delta^{13}C_{C-B}$，$\Delta^{15}N_{C-B}$	$\Delta^{13}C_{B-A}$，$\Delta^{15}N_{B-A}$	$\Delta^{13}C_{C-B}$，$\Delta^{15}N_{C-B}$
斜率	0.21±1.07	3.35±1.23	0.10±0.17	0.069±0.22
截距	3.85±1.07	4.74±0.60	4.70±0.75	4.56±0.80
相关系数(r^2)	0.003±0.04	0.36±0.23	0.025±0.06	0.006±0.14
检验统计量(P)	>0.05	<0.05	>0.05	>0.05

在必需氨基酸中，中华哲水蚤与鳀鱼肌肉之间存在较弱的相关关系，相关系数 $r^2=0.36\pm0.23$（$P<0.05$，表 6-5、图 6-12），必需氨基酸异亮氨酸的

$\Delta^{13}C_{C\text{-}B}$为相对较大的负值，而其 $\Delta^{15}N_{C\text{-}B}$为较高的正值；必需氨基酸缬氨酸和亮氨酸 $\Delta^{13}C_{C\text{-}B}$值为较小的正值，两种氨基酸的 $\Delta^{15}N_{C\text{-}B}$值均为较高的正值；两种生物样品之间的苯丙氨酸 $\Delta^{13}C_{C\text{-}B}$和$\Delta^{15}N_{C\text{-}B}$值相近；苏氨酸的$\Delta^{13}C_{C\text{-}B}$值为相对较高的正值，但是其 $\Delta^{15}N_{C\text{-}B}$值为相对较低的正值。

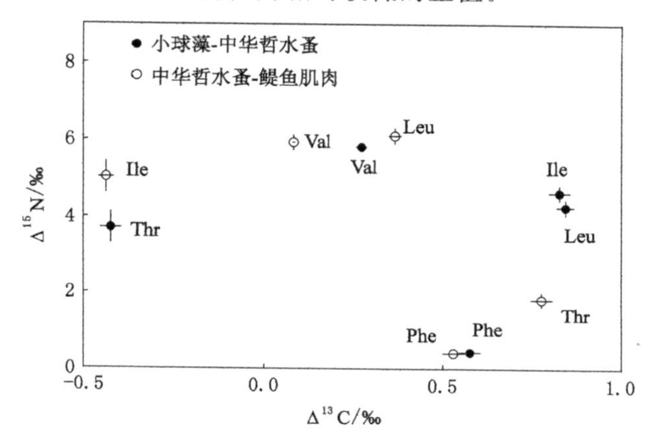

图 6-12　食物链营养层次间必需氨基酸 $\Delta^{15}N$ 值与 $\Delta^{13}C$ 值比较分析散点图

6.2　讨论

在本研究中，我们利用 NPP 氨基酸酯分析了中国黄东海食物网关键种鳀鱼简化食物链“小球藻→中华哲水蚤→鳀鱼”营养层次之间氮稳定同位素的分馏状况。本研究提供了模拟食物链中消费者和饵料生物之间氨基酸氮稳定同位素的明确对比信息，通过分析氨基酸 $\Delta^{15}N$ 结果可得模拟食物链从饵料生物到消费者的氨基酸氮同位素的比率变化情况。文献中关于比较分析食物网中消费者与饵料生物之间氨基酸氮稳定同位素值的研究案例很少。Hare 等[71]通过柱色谱法比较了猪骨组织中氨基酸 $\delta^{15}N$ 和食物营养传递关系，对比于本研究鳀鱼的结果，存在几种氨基酸分馏作用的相似性，如从饵料到消费者，谷氨酸的 $\delta^{15}N$ 升幅最大，天冬氨酸 $\delta^{15}N$ 呈温和增加趋势，丝氨酸的 $\delta^{15}N$ 变化较小。Yoshito 等[94]测定了野生黑鲷和小球藻的 $\delta^{15}N$ 值，结果表明黑鲷与本研究鳀鱼的 $\delta^{15}N$ 组成模式相差非常大，小球藻的整体 $\delta^{15}N$ 值和氨基酸 $\delta^{15}N$ 值均大于本研究的结果，这种差异可能与分析方法和生物的成长环境不同有关。Yoshito 等[124]还观察了腹足动物到鱼类的氨基酸 $\delta^{15}N$ 分馏状况，其中几种氨基酸的分馏模式与本研究的结果一致，如谷氨酸、脯氨酸的 $\delta^{15}N$ 升幅较大，苯丙氨酸的 $\delta^{15}N$ 升幅最小（$\Delta^{15}N$ 值接近于 0）。Leslie 等[93]采用 GC-IRMS 技术测定了斑海豹中 14 种氨基酸的 $\delta^{15}N$ 值，其 $\delta^{15}N$ 的组成趋势：脯氨酸＞谷氨酸＞丙氨酸＞亮氨酸＞缬氨酸，这与本研究的结果相差很大，结果还表明斑海豹与其饵料之间的 $\delta^{15}N$ 分馏模式与本研究的差距也比较大，这可能反映了哺乳动物与鱼类不同代谢途径的一般性差异。

蛋白质是动物及动物肌肉的重要组成部分，是鱼体内唯一的氮源，这使得氨基酸成为影响鱼类组织整体 $\delta^{15}N$ 值的一个关键因素。Hare 等[71]研究猪骨胶原组织与饵料生物整体 $\delta^{15}N$ 及单体氨基酸 $\delta^{15}N$ 时也发现，两种 $\delta^{15}N$ 在消费者组织内均呈现了显著的富集趋势，他们指出这也许表明了饵料与消费者生物之间单体氨基酸 $\delta^{15}N$ 的变化趋势一般可以反映组织整体 $\delta^{15}N$ 的变化模式。根据本研究食物链中氨基酸 $\delta^{15}N$ 自然丰度的变化情况进行统计分析得知，在食物链的三个营养层次之间，虽然氨基酸的 $\delta^{15}N$ 值具有很大的差别，但数据（表 6-1）也表明本研究的结果与上述 Hare 等学者的研究结果具有类似的规律，即生物整体 $\delta^{15}N$ 随食物链递升呈富集趋势，这与单体氨基酸在食物链中的变化一致，即食物链中浮游植物小球藻的氨基酸 $\delta^{15}N$ 枯竭程度最大，鳀鱼肌肉氨基酸 $\delta^{15}N$ 的富集程度最高，中华哲水蚤氨基酸 $\delta^{15}N$ 的富集度居中。

食物链中各生物组分氨基酸 $\delta^{15}N$ 平均值的变化幅度比较大（小球藻为 −9.72‰～−1.31‰，中华哲水蚤为 −7.31‰～3.43‰，鳀鱼肌肉为 −6.90‰～10.81‰），见表 6-1。这与 Hare 等[71]和 Yoshito 等[94]的研究结果一致，表明了氨基酸 $\delta^{15}N$ 组成和含量模式的复杂性。在食物链营养层次之间，氨基酸 $\delta^{15}N$ 分馏因子的变化幅度很大，如小球藻与中华哲水蚤之间必需氨基酸 $\delta^{15}N$ 的变化范围为 0.43‰（苯丙氨酸）～5.82‰（缬氨酸），中华哲水蚤与鳀鱼肌肉之间必需氨基酸 $\delta^{15}N$ 的变化范围为 0.41‰（苯丙氨酸）～6.11‰（亮氨酸）；对于非必需氨基酸，小球藻与中华哲水蚤之间氮稳定同位素比率的变化范围为 1.48‰（甘氨酸）～8.35‰（谷氨酸），非必需氨基酸氮稳定同位素在中华哲水蚤与鳀鱼肌肉之间的变化范围为 0.81‰（天冬氨酸）～8.06‰（谷氨酸），这些变化情况类似于多个研究类群，与哺乳动物[71]、鱼类[96]和无脊椎动物[77]的研究结果类似，这表明了生物中氨基酸代谢途径的复杂性导致了氮稳定同位素分馏作用的巨大差异。Lengeler 等[125]曾在研究中指出，食物与消费者之间氨基酸氮稳定同位素组成和含量变化很大，这种可变性很大程度上归因于每种氨基酸独特的生物合成途径。事实上，氨基酸是通过多种生物代谢途径进行转化的，比如分别从 3-磷酸甘油酸、磷酸、丙酮酸、草酰乙酸和 α-酮戊二酸，经后续的转氨反应生成相应的各种氨基酸，由此可以认为氨基酸的 $\delta^{15}N$ 值可以反映与每个氨基转移过程相关的同位素分馏状况[126-127]。

从食物链小球藻到中华哲水蚤，再从中华哲水蚤到鳀鱼，必需氨基酸 $\delta^{15}N$之间均具有密切的相关关系，由此，也许可以认为食物链三种生物之间多数必需氨基酸的 $\delta^{15}N$ 组成存在相近的模式，这种一致性与本实验对 $\delta^{13}C$ 的分析结果相似。本研究控制性食物链模拟实验中消费者摄取的是单一饵料，这个因素可能对上述结果产生了正向影响。鳀鱼肌肉与中华哲水蚤非必需氨基酸 $\delta^{15}N$ 之间具有显著的正相关性，但是弱于营养层次间必需氨基酸 $\delta^{15}N$ 之间的相关性，小球藻与中华哲水蚤之间非必需氨基酸 $\delta^{15}N$ 具有显著的弱相关性，表明了相对于必需氨基酸，非必需氨基酸氮稳定同位素在营养层次间的分馏作用更加复杂。

综上分析，表明了影响食物链氨基酸 $\delta^{15}N$ 值的两个重要因素：① 食物成分直接进入消费者组织；② 植物和动物某些氨基酸的主要生物合成途径存在相似性。

在氨基酸分子中，同时存在碳、氮两种原子，在食物链的物质传递过程中生物体同时进行碳代谢和氮代谢，分析比较碳、氮两种同位素的分馏因子对于将来研究氨基酸的运转代谢途径以及生物体氨基酸合成途径具有重要的参考意义。必需氨基酸由小球藻到中华哲水蚤、中华哲水蚤到鳀鱼之间氮稳定同位素分馏比率模式具有相似性，这与 Hare 等[71]关于猪骨胶原蛋白与食物之间必需氨基酸 $\Delta^{15}N$ 分馏因子模式相近的结论一致。必需氨基酸的 $\Delta^{13}C$ 均接近 0‰，模拟食物链中所有必需氨基酸的 $\Delta^{15}N$ 值与 $\Delta^{13}C$ 值差异很大，除了苯丙氨酸 $\Delta^{15}N$ 接近 0‰，其余必需氨基酸 $\delta^{15}N$ 均显示沿食物链存在显著的富集趋势，$\Delta^{15}N$ 明显高于 0‰，这与 Yoshito 等[94]和 McClelland 等[96]在研究腹足类动物与食物之间必需氨基酸氮稳定同位素的分馏结果相似。中华哲水蚤与鳀鱼肌肉之间的必需氨基酸异亮氨酸 $\Delta^{13}C_{C\text{-}B}$ 为负值，

$\Delta^{13}C_{C\text{-}B}$为较大的正值；苏氨酸 $\Delta^{13}C_{C\text{-}B}$值较低，但苏氨酸的 $\Delta^{15}N_{C\text{-}B}$值较高；中华哲水蚤与鳀鱼肌肉必需氨基酸 $\Delta^{13}C_{C\text{-}B}$与 $\Delta^{15}N_{C\text{-}B}$之间只存在显著的弱相关性，相关系数 $r^2=0.36\pm0.23$($P<0.05$，表 6-5、图 6-12)；小球藻与中华哲水蚤必需氨基酸 $\Delta^{13}C_{C\text{-}B}$与 $\Delta^{15}N_{C\text{-}B}$之间不存在显著相关性(表 6-5、图 6-12)，小球藻与中华哲水蚤之间必需氨基酸苏氨酸的 $\Delta^{13}C_{B\text{-}A}$为负值，而其 $\Delta^{15}N_{B\text{-}A}$为比较大的正值，通过分析得出了从饵料到消费者，必需氨基酸的氮素往往引起了明显的稳定同位素分馏效应，反映了必需氨基酸氮稳定同位素分馏途径的复杂性和多样性，这可能是由氨基酸结构中多种酶的活化变化对氮素的强烈影响造成的。多个生物类群的研究数据都表明，食物与消费者之间氨基酸 $\Delta^{15}N$ 值的复杂性远大于 $\Delta^{13}C$[71,93-94]，本实验的研究结果进一步表明了在食物链的营养传递过程中，氨基酸的 $\delta^{13}C$ 比 $\delta^{15}N$ 更加稳定一致，这也是许多研究者采用氨基酸 $\delta^{13}C$ 而非氨基酸 $\delta^{15}N$ 进行食源示踪研究的主要原因[71]。

食物链营养层次间非必需氨基酸 $\Delta^{15}N$ 均显著偏离 0‰，与非必需氨基酸 $\Delta^{13}C$ 的结果相同。非必需氨基酸 $\Delta^{15}N$ 在小球藻与中华哲水蚤之间及中华哲水蚤与鳀鱼肌肉之间的模式变化很大，除丙氨酸和天冬氨酸之外，小球藻到中华哲水蚤的 $\Delta^{13}C_{B\text{-}A}$均是较大的正值，$\Delta^{15}N_{B\text{-}A}$也均为较大的正值，这也许表明小球藻属于浮游植物，蛋白质含量较低，小球藻贫蛋白的特性可能迫使受控实验中的中华哲水蚤自身合成了某些非必需氨基酸，小球藻与中华哲水蚤之间非必需氨基酸 $\Delta^{13}C_{B\text{-}A}$回归方程和小球藻与中华哲水蚤非必需氨基酸 $\delta^{15}N_{B\text{-}A}$之间的线性回归方程均支持了这个结论。这进一步表明了非必需氨基酸相对于消费者的需求，需要进行不同程度的生物合成与代谢来满足消费者的营养需要，同时非必需氨基酸产生了转换为其他代谢产物的动力学同位素分馏。在前面章节有关碳稳定同位素的分析讨论中已指出，喂食高蛋白质食物的时候，生物体通常会从食物转移大多数氨基酸作为维持能量的一种手段，因为消费者直接移动营养物质一般比自身从头合成营养物质更有效[73]，相对于鳀鱼肌肉，中华哲水蚤体内多数氨基酸的含量高于鳀鱼肌肉。由分析数据可知，非必需氨基酸 $\Delta^{15}N_{C\text{-}B}$均高于 0‰，中华哲水蚤与鳀鱼肌肉非必需氨基酸 $\delta^{15}N$ 之间具有显著相关性，相关系数 $r^2=0.73\pm0.64$，两者非必需氨基酸 $\delta^{13}C$ 之间也具有显著的弱相关性，相关系数 $r^2=0.58\pm0.07$，而且鳀鱼肌肉的整体 $\delta^{15}N$ 与 $\delta^{13}C$ 均属于富集水平，这也许进一步说明了鲢鱼为满足自身需要会从中华哲水蚤直接转移某些非必需氨基酸。

小球藻与中华哲水蚤之间非必需氨基酸 $\Delta^{13}C_{B\text{-}A}$ 与 $\Delta^{15}N_{B\text{-}A}$ 不存在显著相关性(表 6-5),如非必需氨基酸甘氨酸和丝氨酸碳稳定同位素分馏作用非常显著,但是两者之间氮稳定同位素分馏幅度却很小;两种生物组分中非必需氨基酸谷氨酸和脯氨酸的 $\Delta^{13}C_{B\text{-}A}$ 值比较大,两种氨基酸 $\Delta^{15}N_{B\text{-}A}$ 值也比较大。中华哲水蚤与鲢鱼肌肉非必需氨基酸 $\Delta^{13}C_{C\text{-}B}$ 与 $\Delta^{15}N_{C\text{-}B}$ 之间也不具有明显的相关性(表 6-5),如两种生物间非必需氨基酸甘氨酸和丝氨酸 $\Delta^{13}C_{C\text{-}B}$ 具有较高的负值,而两种氨基酸的 $\Delta^{15}N_{C\text{-}B}$ 具有较低的正值;非必需氨基酸谷氨酸和丙氨酸 $\Delta^{13}C_{C\text{-}B}$ 为较低的负值,两种氨基酸 $\Delta^{15}N_{C\text{-}B}$ 却为较高的正值。对于非必需氨基酸,氮稳定同位素分馏幅度最大的为谷氨酸,谷氨酸是多种氨基转移反应的关键氨基酸前体,它的氨基会被传递给酮酸用以形成其他的氨基酸,如脯氨酸即是常见的前体。

综上分析表明,这类转化过程可能使非必需氨基酸的氮素和碳素在营养层次间产生了非常复杂的同位素分馏作用[71,94]。

本部分通过统计分析营养层次间单体氨基酸含量的差异(ΔAAs)与氨基酸 $\Delta^{15}N_{B\text{-}A}$ 值的相关性来了解氮稳定同位素的传递分馏情况,分析结果表明小球藻与中华哲水蚤非必需氨基酸之间的 ΔAAs 和 $\Delta^{15}N_{B\text{-}A}$ 不存在显著的相关性,中华哲水蚤与鲢鱼肌肉非必需氨基酸之间的 ΔAAs 和 $\Delta^{15}N_{B\text{-}A}$ 有显著的弱相关性,相关系数 $r^2=0.46\pm0.09$,其中天冬氨酸 ΔAAs 和 $\Delta^{15}N_{B\text{-}A}$ 的相关性明显异化于其他几种氨基酸之间的相关性规律,除去天冬氨酸之外,其他几种非必需氨基酸的 ΔAAs 和 $\Delta^{15}N_{B\text{-}A}$ 也许具有显著的相关性。食物链营养层次必需氨基酸的 ΔAAs 和 $\Delta^{15}N_{B\text{-}A}$ 不存在相关关系。本研究通过受控喂养实验来研究食物链中氮同位素分馏的潜伏变异性,如果不知道氨基酸转化步骤之间的氮素分馏情况,我们不能准确预测前体 $\delta^{15}N$ 如何在氨基酸 $\delta^{15}N$ 值中体现。要解释清楚营养层次间氨基酸氮稳定同位素分馏作用的复杂机制,需要结合氨基酸氮稳定同位素示踪技术,采用模型预测系统深入研究每个与氨基转移过程相关的同位素分馏状况[126-127]。下一步将是确定 $\Delta^{15}N$ 对于不同氨基酸高变异性的背后机制,以及确定氨基酸 $\delta^{15}N$ 值中有哪些关于消费者食物和代谢历史的信息,这需要有针对性的喂养实验,实验需要跟踪个别食物成分在动物体内的代谢处理过程。

6.3 本章小结

本实验研究的是“小球藻→中华哲水蚤→鳀鱼”受控简化食物链中氨基酸 $\delta^{15}N$ 的分馏变化情况。浮游植物小球藻的整体 $\delta^{15}N$ 和氨基酸 $\delta^{15}N$ 富集程度均最小，中华哲水蚤的整体 $\delta^{15}N$ 和氨基酸 $\delta^{15}N$ 富集度居中，鳀鱼肌肉整体 $\delta^{15}N$ 和氨基酸 $\delta^{15}N$ 的富集程度最高。食物链中各生物组分氨基酸 $\delta^{15}N$ 的平均值变化幅度比较大(小球藻为－9.72‰～－1.31‰，中华哲水蚤为－7.31‰～3.43‰，鳀鱼肌肉为－6.90‰～10.81‰)。食物链营养层次之间氨基酸的 $\delta^{15}N$ 组成和含量变化很大($\Delta^{15}N_{B\text{-}A}$ 值变化范围为 0.43‰～8.35‰，$\Delta^{15}N_{C\text{-}B}$ 值变化范围为 0.41‰～8.06‰)，这种可变性很大程度上归因于每种氨基酸独特的生物合成途径和用途，表明氨基酸的 $\delta^{15}N$ 值可以反映与每个氨基转移过程相关的同位素分馏状况。

食物链营养层次间必需氨基酸 $\delta^{15}N$ 之间均具有较强的相关关系，可以认为食物链三种生物之间多数必需氨基酸的 $\delta^{15}N$ 组成存在相近的模式，这种一致性与本实验 $\delta^{13}C$ 的分析结果相似。通过分析食物链营养层次间 $\delta^{15}N$ 的分馏作用，发现必需氨基酸 $\delta^{15}N$ 的分馏比率模式具有相似性。通过对比必需氨基酸 $\delta^{15}N$ 和 $\delta^{13}C$ 的含量变化，可知在食物链的营养传递过程中，必需氨基酸 $\delta^{13}C$ 比 $\delta^{15}N$ 更加稳定一致。

通过对比非必需氨基酸的 $\Delta^{15}N$ 与 $\Delta^{13}C$，可知在食物链营养层次间非必需氨基酸的 $\Delta^{15}N$ 均显著偏离 0‰，与非必需氨基酸 $\Delta^{13}C$ 的结果相似。$\Delta^{15}N$ 在小球藻与中华哲水蚤之间的比率模式变化非常大，小球藻与中华哲水蚤非必需氨基酸 $\delta^{15}N_{B\text{-}A}$ 值之间的线性回归方程斜率都偏离统一，进一步表明了小球藻贫蛋白的特性可能迫使受控实验中的中华哲水蚤自身合成了某些非必需氨基酸，同时产生了转换为其他代谢产物的氮同位素动力学分馏。中华哲水蚤与鳀鱼肌肉非必需氨基酸 $\delta^{15}N$ 之间具有显著相关性，两者非必需氨基酸 $\delta^{13}C$ 之间也具有显著的弱相关性，鳀鱼肌肉的整体 $\delta^{15}N$ 与 $\delta^{13}C$ 均属于富集水平，这也许进一步说明了鳀鱼为满足自身需要会从中华哲水蚤直接转移某些非必需氨基酸。分析数据还表明，氨基酸含量的变化对氨基酸 $\delta^{15}N$ 分馏作用不存在明显的影响效应。在食物链中，谷氨酸 $\delta^{15}N$ 分馏幅度最大，谷氨酸是多种氨基酸的前体，其氨基经过传递形成其他氨基酸，这类转化过程可能导致非必需氨基酸氮素产生了非常复杂的同位素分馏作用。

本研究采用简化食物链主线的氨基酸来研究饵料生物跟消费者$\delta^{15}N$分馏的潜伏变异性，下一步将是采用氨基酸稳定同位素技术与预测模型系统研究$\delta^{15}N$相对于饵料生物高变异性的背后机制，确定氨基酸$\delta^{15}N$中有哪些关于消费者食物和代谢历史的信息。

第 7 章　鳀鱼食物链碳、氮元素分析研究

7.1　食物链生物样品碳、氮元素及碳、氮比值分布特征

食物链三种生物样品具有不同的碳、氮元素百分含量。从表 7-1 可以看出，鳀鱼肌肉、中华哲水蚤样品内的碳、氮元素百分含量均高于浮游植物小球藻，鳀鱼肌肉碳、氮元素含量比值均显著小于浮游植物小球藻。三种生物样品的总碳、总氮元素百分含量与碳、氮比值的分布特征（n 表示样品数量，不同字母表示显著差异，$P<0.05$）t 检验结果显示，鳀鱼肌肉和中华哲水蚤样品的碳元素百分含量和氮元素百分含量差异均不显著（$P>0.05$），浮游植物小球藻与浮游动物中华哲水蚤样品碳元素百分含量和氮元素百分含量也具有差异不显著性（$P>0.05$）。

表 7-1　小球藻、中华哲水蚤和鳀鱼肌肉组织碳、氮元素值与碳、氮比值（摩尔比）

样品	小球藻		中华哲水蚤		鳀鱼肌肉	
	平均值/%	标准偏差	平均值/%	标准偏差	平均值/%	标准偏差
碳素	24.65	±0.64	25.52	±0.35	46.98	±0.71
氮素	2.63	±0.26	6.27	±0.31	11.18	±0.47
碳素/氮素	9.37	±0.16	4.07	±0.46	4.20	±0.04

由图 7-1 可知，三种生物样品整体碳稳定同位素含量与碳元素含量构成模式相近，鳀鱼肌肉的碳素含量和碳稳定同位素含量高于小球藻和中华哲水蚤。中华哲水蚤与小球藻的碳稳定同位素含量与小球藻的构成模式相近。

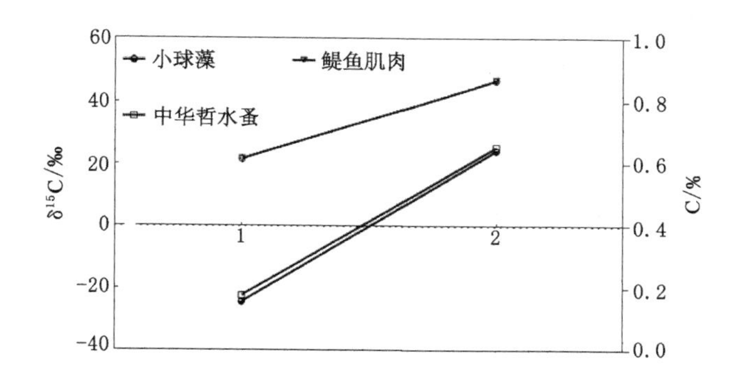

1—整体碳同位素；2—碳元素。

图 7-1　生物样品整体碳同位素与碳元素含量比较

由图 7-2 可知，鳀鱼肌肉样品中氮稳定同位素含量和氮素含量明显高于小球藻和中华哲水蚤；小球藻与中华哲水蚤相比，两者氮稳定同位素含量差距明显，但是氮素含量相近。

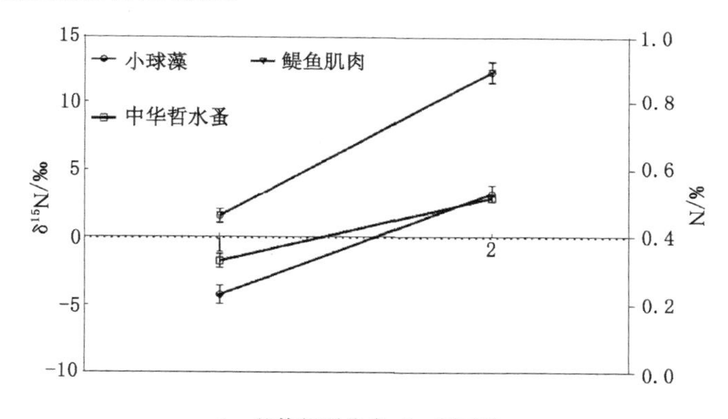

1—整体氮同位素；2—氮元素。

图 7-2　生物样品整体氮稳定同位素与氮素含量比较

7.2　讨论

由分析结果可知，模拟食物链的浮游生物样品碳、氮素含量与梁红[127]的研究结果一致，浮游动物碳素和氮素含量高于浮游植物。浮游动物的元素组成差别与生态环境不同有关，浮游植物生物量较高时，浮游动物饵料充分，影响了其体内元素组成的因素多来自动物内源性生理代谢过程，饵料来源也可能是决定浮游动物体内元素组成的主要原因。在模拟食物链中，摄食单一饵料也许影响了摄食生物体内的碳、氮元素含量。鳀鱼肌肉的氮素和碳素含量与黄亮[128]的研究结果相似，碳素和氮素含量均接近总质量的50%。鳀鱼是黄东海食物网的关键种，其蛋白质是食物网营养物质的重要组成部分，鳀鱼主要摄食中华哲水蚤，同时还是黄东海捕食食物网中重要的被捕食者，是蓝点马鲛等上层鱼类及小黄鱼等中下层或底层重要鱼类的主要捕食对象，和黄海食物网的其他生物相比，其肌肉元素组成特点为高碳、低氮。

研究表明，和凶猛性肉食性鱼类相比，浮游动物中华哲水蚤、鳀鱼对氮元素的同化效率较低；和黄海食物网的其他生物相比，其肌肉元素组成特点为高碳、低氮和低磷。模拟食物链处理的三种生物样品的碳稳定同位素与三种样品的碳素构成模式相近，食物链三个营养层次摄食关系具有单一性，进一步表明碳素在食物链生物体内分馏作用的稳定性。但是，食物链生物中氮素与氮稳定同位素的模式差异性比较大，进一步表明了生物体内氮稳定同位素分馏作用的复杂性。

7.3 本章小结

食物链三种生物样品的碳素和氮素含量由低营养层次到高营养层次呈富集趋势，这与食物链的碳、氮稳定同位素在食物链中的分馏特征相近。与碳、氮稳定同位素相比，本研究三种生物样品的碳元素含量特征进一步表明了模拟食物链碳稳定同位素分馏作用具有较强的稳定性，生物样品氮元素的含量特征进一步表明了模拟食物链氮稳定同位素分馏作用的复杂性。

第8章 研究结论

8.1 主要研究结论

本书以“简化食物网”研究思想为依据，以食物网关键种为核心，进行了“小球藻→中华哲水蚤→鳀鱼”关键种食物链的模拟研究；比较研究了氨基酸N-新戊酰基异丙酯(NPP)与氨基酸N-乙酰基正丙酯(NAP)两种衍生化方法，测量了食物链生物组分中氨基酸的含量和氨基酸的碳、氮稳定同位素值，并对氨基酸含量和氨基酸碳、氮稳定同位素在食物链营养层次间的变化特征进行了初步探讨。

(1) 在室内受控模拟实验中，首先培养了大量小球藻，然后再使用小球藻喂养从海洋中捕捞并经过纯化后的中华哲水蚤，最后采用活体中华哲水蚤培养鳀鱼，通过接近而又简化现场条件的方式模拟了食物链主线——“小球藻→中华哲水蚤→鳀鱼”。

(2) 采用氨基酸NPP和NAP衍生化法分别对15种氨基酸标准样品进行了衍生化反应，通过测量氨基酸衍生化前后碳、氮稳定同位素的比率，对比了氨基酸碳、氮稳定同位素分馏作用的大小和测量精度，选择了比较理想的氨基酸衍生化方法(NPP法)。采用GC-C-IRMS(气相色谱-燃烧-同位素比值质谱)法分析测定了氨基酸的碳、氮稳定同位素值。

(3) 食物链各生物组分的氨基酸分析结果表明，中华哲水蚤在食物链中起着关键的作用，相对于小球藻，它不仅提高了氨基酸含量，而且将植物性蛋白转换为动物蛋白；在食物链消费者与饵料生物之间氨基酸具有显著相关性，必需氨基酸在营养层次间的相关性更强。由食性转换实验可知，鳀鱼的食性随饵料的改变而发生变化。鳀鱼粪便的氨基酸组成含量主要受自身的生物代谢过程控制。

(4) 生物(组织)整体 $\delta^{13}C$ 随食物链升高而富集,小球藻氨基酸 $\delta^{13}C$ 在食物链中富集度最低,鳀鱼肌肉中大多数氨基酸的 $\delta^{13}C$ 富集度最高。食物链必需氨基酸的分馏量接近于 0‰,营养层次之间必需氨基酸的 $\delta^{13}C$ 具有较强的线性关系,表明了必需氨基酸 $\delta^{13}C$ 可以作为研究食物网觅食生态和饮食重建的"强大"示踪剂,这是本研究得到的具有重要意义的结论。食物链中各种非必需氨基酸的 $\Delta^{13}C$ 显著偏离 0‰,营养层次间非必需氨基酸 $\delta^{13}C$ 的相关性较弱,研究结果表明了食物链非必需氨基酸营养传递机制的复杂性受到多重因素的影响。

(5) 生物组分的各种 $\delta^{15}N$ 随食物链升高而富集,在食物链营养层次间必需氨基酸 $\Delta^{15}N$ 具有差异大、模式相近的特征,必需氨基酸 $\delta^{15}N$ 在营养层次间存在显著正相关性,在食物链的营养传递过程中,必需氨基酸 $\delta^{13}C$ 比 $\delta^{15}N$ 更加稳定一致。相比于小球藻与中华哲水蚤必需氨基酸 $\delta^{15}N$ 之间显著的弱相关性,中华哲水蚤与鳀鱼非必需氨基酸 $\delta^{15}N$ 之间具有更明显的相关性,通过综合分析非必需氨基酸 $\delta^{15}N$ 与 $\delta^{13}C$ 的分馏作用,食物链中非必需氨基酸 $\delta^{15}N$ 的分馏作用可能主要取决于不同营养级生物的新陈代谢过程。

8.2 研究的创新点

(1) 通过模拟实验研究了海洋食物网简化食物链主线(浮游植物→浮游动物→鱼类)营养层次间特定有机分子氨基酸的碳、氮稳定同位素的分馏状况。

(2) 把特定化合物氨基酸稳定同位素技术(AA-CSIA)引入营养生态学研究领域。

(3) 对氨基酸 NAP 与 NPP 酯类碳、氮稳定同位素的测量精度与分馏作用大小进行了比较研究。

8.3 研究的难点

(1) 食物链的模拟研究

关键种食物链"小球藻→中华哲水蚤→鳀鱼"的模拟研究难度非常大:

① 食物链模拟实验中，中华哲水蚤的需求量较大，采用双目解剖镜逐个挑拣分离纯化中华哲水蚤具有很大难度。

② 鳀鱼俗称离水烂，属于极易死亡的小型海洋鱼类，采用活体中华哲水蚤为饵料饲养鳀鱼的难度很大。

(2) 分析测试方法

氨基酸属于两性离子，难以挥发。在氨基酸的气相色谱分离分析中，需要分析前进行氨基酸衍生化，即将其离子结构转化为非离子衍生物，目前有多种衍生化的方法，然而每一种方法各有优缺点，没有一种全能的方法可以同时进行所有氨基酸的碳和氮的同位素分析，在本研究中衍生化方法的选择是难点。氨基酸种类非常多，其结构和化学性质复杂，定量制备生物样品中各种氨基酸的纯衍生物难度非常大。

采用 GC-C-IRMS 方法同时分析定量生物样品中多种氨基酸碳、氮稳定同位素的难度较大，在研究中进行了大量的条件实验，人力和费用投入很大。

8.4 研究中的问题与不足

(1) 在我们的受控食物链研究中，由于中华哲水蚤和鳀鱼被限制在一个长期单一的饮食状态，它们必须通过生理代谢调控过程适应饮食境况，对某些氨基酸进行平衡以适应个体需要，同时还必须进行食物所缺乏的氨基酸的自身代谢合成，这样的生理过程对实验中的中华哲水蚤和鳀鱼的氨基酸碳、氮稳定同位素分馏作用势必产生了影响。

(2) 由于氨基酸稳定同位素检测技术的局限性，目前，还有多种氨基酸的碳、氮稳定同位素没有被精确测定。相信随着样本制备技术和仪器条件的优化，氨基酸分子稳定同位素技术将会得到长足的发展，并将会在我国食物网研究中得到广泛的应用。

8.5 研究展望

在以后的工作中会从以下两个方面展开研究：

(1) 通过研究脂质和碳水化合物的碳素进入三羧酸循环和进入氨基酸

步骤之间的分馏状况，准确预测氨基酸前体的 $\delta^{13}C$ 如何在氨基酸 $\delta^{13}C$ 中体现，确定食物链氨基酸 $\Delta^{13}C$ 在不同营养层次间高变异性的背后机制，确定非必需氨基酸 $\delta^{13}C$ 有哪些关于消费者与饵料之间的代谢历史信息。

（2）采用氮稳定同位素示踪技术深入研究食物链生物体与氨基转移过程相关的同位素分馏状况，确定 $\Delta^{15}N$ 在不同营养层次间高变异性的背后机制，解释食物链主线氨基酸氮素的生理代谢途径。

参考文献

[1] BUNN S E, LEIGH C, JARDINE T D. Diet-tissue fractionation of $\delta^{15}N$ by consumers from streams and rivers[J]. Limnology and oceanography, 2013, 58(3): 765-773.

[2] CARPENTER S R, COLE J, PACE M L, et al. Ecosystem subsidies: terrestrial support of aquatic food webs from ^{13}C addition to contrasting lakes[J]. Ecology, 2005, 86(10): 2737-2750.

[3] CHIKARAISHI Y, OGAWA N O, KASHIYAMA Y, et al. Determination of aquatic food-web structure based on compound-specific nitrogen isotopic composition of amino acids[J]. Limnol oceanogr, 2009(7): 740-750.

[4] UREY H C. The thermodynamic properties of isotopic substances[J]. Journal of the chemical society, 1947(1): 562-581.

[5] NIER A O. A mass spectrometer for isotope and gas analysis[J]. Geochim cosmochim acta, 1985, 49(7): 1662-1665.

[6] PARK R, EPSTEIN S. Carbon isotope fractionation during photosynthesis[J]. Geochim cosmochim acta, 1960, 21(1-2): 110-126.

[7] ABELSON P H, HOERING T C. Carbon isotope fractionation in formation of amino acids by photosynthetic organisms[J]. Proceedings of the national academy of sciences of the United States of America, 1961, 47(5): 623-632.

[8] MCMAHON K W, THORROLD S R, HOUGHTON L A, et al. Tracing carbon flow through coral reef food webs using a compound-specific stable isotope approach[J]. Oecologia, 2016, 180(3): 809-821.

[9] SACKETT W M, ECKELMANN W R, BENDER M L, et al. Temperature dependence of carbon isotope composition in marine plankton and sediments[J]. Science, 1965, 148(3667): 235-237.

[10] WILLIAMS, P M, GORDON, L I. Carbon-13: carbon-12 ratios in dissolved and particulate organic matter in the sea[J]. Deep sea research and oceanographic abstracts, 1970, 17(1): 19-27.

[11] 唐启升,苏纪兰. 中国海洋生态系统动力学研究 Ⅰ. 关键科学问题与研究发展战略[M]. 北京:科学出版社,2000.

[12] 李富国. 黄海中南部鳀鱼生殖习性的研究[J]. 海洋水产研究,1987(8): 41-51.

[13] 万瑞景,黄大吉,张经. 黄海北部和东海南部鳀鱼卵和仔稚幼鱼数量、分布及其与环境条件的关系[J]. 水产学报,2002,26(4):321-330.

[14] 李峣,赵宪勇,张涛,等. 黄海鳀鱼越冬洄游分布及其与物理环境的关系[J]. 海洋水产研究,2007,28(2):104-112.

[15] 刘海珍,罗琳,蔡德陵,等. 不同生长阶段鳀鱼肌肉营养成分分析与评价[J]. 核农学报,2015,29(11):2150-2157.

[16] 张波. 中国近海食物网及鱼类营养动力学关键过程的初步研究[D]. 青岛:中国海洋大学,2005.

[17] 薛莹. 黄海中南部主要鱼种摄食生态和鱼类食物网研究[D]. 青岛:中国海洋大学,2005.

[18] 郭旭鹏,李忠义,金显仕,等. 采用碳氮稳定同位素技术对黄海中南部鳀鱼食性的研究[J]. 海洋学报,2007,29(2):98-104.

[19] 沈国英,黄凌风,郭丰,等. 海洋生态学[M]. 3 版. 北京:科学出版社,2019.

[20] PAULY D, PALOMARES M A, FROESE R, et al. Fishing down Canadian aquatic food webs[J]. Canadian journal of fisheries and aquatic sciences, 2001, 58(1): 51-62.

[21] 蔡德陵,李红燕,唐启升,等. 黄东海生态系统食物网连续营养谱的建立:来自碳氮稳定同位素方法的结果[J]. 中国科学 C 辑:生命科学,2005,35(2):123-130.

[22] STEELE J H. The structure of marine ecosystems[M]. London:

Blackwell Scientifi Publication,1974.

[23] 刘保占.基于稳定同位素组成分析的中国北方海域食物网结构研究[D].大连:大连海事大学,2013.

[24] 唐启升.海洋食物网与高营养层次营养动力学研究策略[J].海洋水产研究,1999,20(2):1-6.

[25] 蔡德陵,张淑芳,唐启升,等.鲈鱼新陈代谢过程中的碳氮稳定同位素分馏作用[J].海洋科学进展,2003,21(3):308-317.

[26] 彭士明,施兆鸿,尹飞,等.利用碳氮稳定同位素技术分析东海银鲳食性[J].生态学杂志,2011,30(7):1565-1569.

[27] 李忠义,左涛,戴芳群,等.运用稳定同位素技术研究长江口及南黄海水域春季拖网渔获物的营养级[J].中国水产科学,2010,17(1):103-109.

[28] 李忠义,左涛,戴芳群,等.长江口及南黄海水域春季生物摄食生态的稳定同位素研究[J].水产学报,2009,33(5):784-789.

[29] 崔莹.基于稳定同位素和脂肪酸组成的中国近海生态系统物质流动研究[D].上海:华东师范大学,2012.

[30] 王娜.脂肪酸等生物标志物在海洋食物网研究中的应用:以长江口毗邻海域为例[D].上海:华东师范大学,2008.

[31] 林光辉.稳定同位素生态学[M].北京:高等教育出版社,2013.

[32] CRAIG H. The geochemistry of the stable carbon isotopes[J]. Ceochira cosmochim acta,1953,3(2-3):53-92.

[33] HOLT B D,ENGELKEMEIR A G. Thermal decomposition of barium sulfate to sulfur dioxide for mass spectrometric analysis[J]. Analytical chemistry,1970,42(12):1451-1453.

[34] FRY B,SILVA S R,KENDALL C,et al. Oxygen isotope corrections for online $\delta^{34}S$ analysis[J]. Rapid communications in mass spectrometry,2002,16(9):854-858.

[35] 余婕,刘敏,侯立军,等.崇明东滩大型底栖动物食源的稳定同位素示踪[J].自然资源学报,2008,23(2):319-326.

[36] 蔡德陵,洪旭光,毛兴华,等.崂山湾潮间带食物网结构的碳稳定同位素初步研究[J].海洋学报,2001,23(4):41-48.

[37] 杨国欢,孙省利,侯秀琼,等.基于稳定同位素方法的珊瑚礁鱼类营养层

次研究[J]. 中国水产科学,2012,19(1):105-115.

[38] HOBSON K A,FISKB A,KARNOVSKYC N,et al. A stable isotope (δ13C、δ15N) model for the North Water food web: implications for evaluating trophodynamics and the flow of energy and contaminants [J]. Deep sea research,2002,49(22-23):5131-5150.

[39] 卢伙胜,欧帆,颜云榕,等.应用氮稳定同位素技术对雷州湾海域主要鱼类营养级的研究[J]. 海洋学报,2009,31(3):168-172.

[40] 李忠义,金显仕,庄志猛,等.稳定同位素技术在水域生态系统研究中的应用[J]. 生态学报,2005,25(11):3052-3060.

[41] GU B, SCHELL D M, FRAZER T, et al. Stable carbon isotope evidence for reduced feeding of Gulf of Mexico sturgeon during their prolonged river residence period [J]. Estuarine coastal and shelf science,2001,53(3):275-280.

[42] FRY B. Natural stable carbon isotope tag traces shrimp migrations [J]. Fishery bulletin,1981,79(2):337-345.

[43] MCCLELLAND J W, VALIELA I. Changes in food web structure under the influence of increase anthropogenic nitrogen inputs to estuaries [J]. Marine ecology progress series,1998,168(1):259-271.

[44] HOLMER M,PEREZ M,DUARTE C M. Benthic primary producers: a neglected environmental problem in Mediterranean mariculture[J]. Marine pollution bulletin,2003,46(11):1372-1376.

[45] PENNISI E. Brighter prospects for the world's coral reefs [J]. Science,1997,277(5325):491-493.

[46] STAPEL J, AARTS T L, VAN D, et al. Nutrient uptake by leaves and roots of the seagrass Thalassia hemprichii in the Spermonde Archipelago, Indonesia[J]. Marine ecology progress series,1996,134(1-3):195-206.

[47] LEE K S, DUNTON K H. Inorganic nitrogen acquisition in the sea grass Thalassia testudinum: development of a whole-plant nitrogen budget[J]. Limnol oceanogra,1999,44(5):1204-1215.

[48] HEATON T H E. Isotopic studies of nitrogen pollution in the hydrosphere and atmosphere: a review[J]. Chemical geology,1986,59(1):

87-102.

[49] GEARING P J, GEARING J N, MAUGHAN J T, et al. Isotopic distribution of carbon from sewage sludge and eutrophication in the sediments and food web of estuarine ecosystems [J]. Environmental science and technology, 1991, 25(2): 295-301.

[50] LAKE J L, MCKINNEY R A, OSTERMAN F A, et al. Stable nitrogen isotopes as indicators of anthropogenic activities in small freshwater systems[J]. Canadian journal of fisheries and aquatic sciences, 2001, 58(5): 870-878.

[51] WALDRON S, TATNER P, JACK I, et al. The impact of sewage discharge in a marine embayment: a stable isotope reconnaissance[J]. Estuarine coastal and shelf science, 2001, 52(1): 111-115.

[52] DOVER C L, GRASSLE L F, FRY B, et al. Stable isotope evidence for entry of sewagederived organic material into a deep-sea food web[J]. Nature, 1992, 360: 153-156.

[53] RAU G H, SWEENEY R E, KAPLAN R, et al. Differences in animal ^{13}C, ^{15}N and D abundance between a polluted and an unpolluted coastal site: likely indicators of sewage uptake by a marine food web[J]. Estuarine coastal and shelf scienc, 1981, 13(6): 701-707.

[54] 蔡德陵，张淑芳，张经. 天然存在的碳、氮稳定同位素在生态系统研究中的应用[J]. 质谱学报，2003，24(3)：435-440.

[55] 陈宜瑜. IGBP 未来发展方向[J]. 地球科学进展，2001，16(1)：15-17.

[56] 张波，唐启升. 渤、黄、东海高营养层次重要生物资源种类的营养级研究[J]. 海洋科学进展，2004，22(4)：393-404.

[57] WAINRIGHT S C, FOGARTY M J, GREENFIELD R C, et al. Long-term changes in the Georges Bank food web: trends in stable isotopic compositions of fish scales[J]. Marine biology, 1993, 115(3): 481-493.

[58] MCCLELLAND J W, VALIELA I, MICHENER R H. Nitrogen-stable isotope signatures in estuarine food webs: a record of increasing urbanization in coastal watersheds[J]. Limnol oceanogra, 1997, 42(5): 930-937.

[59] 李红燕. 稳定碳、氮同位素在生态系统中的应用研究：以无定河、黄东海生态系统为例[D]. 青岛：中国海洋大学，2004.

[60] GANNES L Z, MARTIÍNEZ D R C, KOCH P. Natural abundance variations in stable isotopes and their potential uses in animal physiological ecology[J]. Comparative biochemistry and physiology part A: molecular and integrative physiology, 1998, 119(3): 725-737.

[61] PETERSON B J, FRY B. Stable isotopes in ecosystem studies[J]. Annual review of ecology and systematics, 1987, 18(1): 293-320.

[62] CHEREL Y, HOBSON K A, GUINET C, et al. Stable isotopes document seasonal changes in trophic niches and winter foraging individualspecialization in diving predators from the Southern Ocean[J]. Journal of animal ecology, 2007, 76(4): 826-836.

[63] HOBSON K A. Tracing origins and migration of wildlife using stable isotopes: a review[J]. Oecologia, 1999, 120(3): 314-326.

[64] GRAHAM B S, KOCH P L, NEWSOME S D, et al. Using isoscapes to trace the movements and foraging behavior of toppredators in oceanic ecosystems[M]. New York: Springer USA, 2009.

[65] POST D M. Using stable isotopes to estimate trophic position: models, methods, and assumptions [J]. Ecology, 2002, 83(3): 703-718.

[66] GANNES L Z, O'BRIEN D M, MARTÍNEZ D R C. Stable isotopes in animal ecology: assumptions, caveats, and a call for more laboratory experiments[J]. Ecology, 1997, 78(4): 1271-1276.

[67] OLIVE P J W, PINNEGAR J K, POLUNIN N V C, et al. Isotope trophic-step fractionation: a dynamic equilibrium model [J]. The journal of animal ecology, 2003, 72(4): 608-617.

[68] MEIER-AUGENSTEIN W. Applied gas chromatography coupled to isotope ratio mass spectrometry[J]. Journal of chromatography A, 1999, 842(1-2): 351-371.

[69] MILLER M J, CHIKARAISHI Y, OGAWA N O, et al. A low trophic position of Japanese eel larvae indicates feeding on marine snow[J]. Biology letters, 2013, 9(1): 131-147.

[70] MCCUTCHAN J H, LEWIS W M, KENDALL C, et al. Variation in trophic shift for stable isotope ratios of carbon, nitrogen and sulfur [J]. Oikos, 2003, 102(2): 378-390.

[71] HARE P E, FOGEL M L, STAFFORD T W J, et al. The isotopic composition of carbon and nitrogen in individual amino acids isolated from modern and fossil proteins[J]. Journal of archaeological science, 1991, 18(3): 277-292.

[72] HOWLAND M R, CORR L T, YOUNG S M M, et al. Expression of the dietary isotope signal in the compound-specific $\delta^{13}C$ values of pig bone lipids and amino acids[J]. International journal of osteoarchaeology, 2003, 13(1): 54-65.

[73] JIM S, JONES V, AMBROSE S H, et al. Quantifying dietary macronutrient sources of carbon for bone collagen biosynthesis using natural abundance stable carbon isotope analysis[J]. The British journal of nutrition, 2006, 95(1): 1055-1062.

[74] REEDS P J. Dispensable and indispensable amino acids for humans [J]. The journal of nutrition, 2000, 130(7): 1835-1840.

[75] FOGEL M L, TUROSS N. Extending the limits of paleodietary studies of humans with compound specific carbon isotope analysis of amino acids[J]. Journal of archaeological science, 2003, 30(5): 535-545.

[76] STOTT A W, EVERSHED R P, JIM S, et al. Cholesterol as a new source of palaeodietary information: experimental approaches and archaeological applications[J]. Journal of archaeological science, 1999, 26(6): 705-716.

[77] FANTLE M S, DITTEL A I, SCHWALM S M, et al. A food web analysis of the juvenile blue crab, Callinectes sapidus, using stable isotopes in whole animals and individual amino acids[J]. Oecologia, 1999, 120(3): 416-426.

[78] AMBROSE S H, NORR L. Experimentalevidence for the relationship of the carbon isotope ratios of whole diet and dietary protein to those of bone collagen and carbonat[J]. Berlin: Springer-Verlag, 1993.

[79] KELTON W M, MARILYN L F, TRAVIS S E, et al. Carbon isotope fractionation of amino acids in fish muscle reflects biosynthesis and isotopic routing from dietary protein[J]. Journal of animal ecology, 2010, 79(5): 1132-1141.

[80] POST D M, LAYMAN C A, ARRINGTON D A, et al. Getting to the fat of the matter: models, methods and assumptions for dealing with lipids in stable isotope analysis[J]. Oecologia, 2007, 152(1): 179-189.

[81] O'BRIEN D M, BOGGS C L, FOGEL M L. Pollen feeding in the butterfly Heliconius charitonia: isotopic evidence for essential amino acid transfer from pollen to eggs[J]. The royal society proceedings B, 2011, 270(1533): 2631-2636.

[82] ELSDON T S, AYVAZIAN S G, MCMAHON K W, et al. Experimental evaluation of stable isotope fractionation in fish muscle and otoliths[J]. Marine ecology progress series, 2010, 408(6): 195-205.

[83] O'BRIEN D M, BOGGS C L, FOGEL M L. The amino acids used in reproduction by butterflies: a comparative study of dietary sources using compound-specific stable isotope analysis[J]. Physiological and biochemical zoology, 2005, 78(5): 819-827.

[84] LAJTHA K, MICHENER R H. Stable isotopes in ecology and environmental science[M]. Oxford: Blackwell Scientific, 1994.

[85] BENNER R, FOGEL M L, SPRAGUE E K, et al. Depletion of $\delta^{13}C$ in lignin and its implications for stable carbon isotope studies [J]. Nature, 1987, 329(1): 708-710.

[86] CURRIN C A, NEWELL S Y, PAERL H W. The role of standing dead Spartina alterniflora and benthic microalgae in salt marsh food webs: considerations based on multiple stable isotope analysis [J]. Marine ecology progress series, 1995, 121(1-3): 99-116.

[87] ADAMS T S, STERNER R W. The effect of dietary nitrogen content on trophic level $\delta^{15}N$ enrichment [J]. Limnology and oceanography, 2000, 45(3): 601-607.

[88] PAKHOMOV E A, MCCLELLAND J W, BERNARD K, et al. Spatial

and temporal shifts in stable isotope values of the bottom-dwelling shrimp Nauticarismarionis at the Sub-Antarctic archipelago [J]. Marine biology, 2004, 144(2): 317-325.

[89] SCHMIDT K, MCCLELLAND J M, MENTE E, et al. Trophic-level interpretation based on $\delta^{15}N$ values: implication of tissue-specific fractionation and amino acid composition[J]. Marine ecology progress, 2004, 266(1): 43-58.

[90] MCCARTHY M D, BENNER R, LEE C, et al. Amino acid nitrogen isotopic fractionation patterns as indicators of heterotrophy in plankton, particulate, and dissolved organic matter[J]. Geochimica cosmochimica acta, 2008, 71(19): 4727-4744.

[91] POPP B N, GRAHAM B S, OLSON R J, et al. Insight into the trophic ecology of yellowfin tuna, thunnus albacares, from compound-specific nitrogen isotope analysis of proteinaceous amino acids[J]. Terrestrial ecology, 2007(1): 173-190.

[92] HANNIDES C C S, POPP B N, LANDRY M R, et al. Quantification of zooplankton trophic position in the North Pacific Subtropical Gytr using stable nitrogen isotopes[J]. Limnology and oceanography, 2009, 54(1): 50-61.

[93] LESLIE R G, PAUL L K, JAMES H, et al. Nitrogen isotope fractionation in amino acids fromharbor seals: implications for compound-specifictrophic position calculations [J]. Marine ecology: progress series, 2013, 482(1): 265-277.

[94] YOSHITO C, YUICHIRO K, NANAKO O O, et al. Metabolic control of nitrogen isotope composition of amino acids in macroalgae and gastropods: implications for aquatic food web studies [J]. Marine ecology: progress series, 2008, 342(1): 85-90.

[95] BENDER D A. An introduction to nutrition and metabolism [M]. London: CRC Press, 2002.

[96] MCCLELLAND J W, MONTOYA J P. Trophic relationships and the nitrogen isotopic composition of amino acids in plankton[J]. Ecology,

2002,83(8):2173-2180.
[97] FOGEL M L, TUROSS N, JOHNSON B J, et al. Biogeochemical record of ancient humans[J]. Organic geochemistry, 1997, 27(5): 275-287.
[98] 李世岩,韩东燕,麻秋云,等.应用碳、氮稳定同位素技术分析胶州湾方氏云鳚的摄食习性[J].中国水产科学,2014,21(6):1220-1226.
[99] 陈绍勇,周伟华,吴云华,等.南沙珊瑚礁生态系生物体中 $\delta^{13}C$ 的分布[J].海洋科学,2001,25(6):4-7.
[100] 肖化云,朱仁果,尹祚莹,等.用 GC-C-IRMS 分析植物中 20 种氨基酸的氮同位素值方法研究[C].南京:中国矿物岩石地球化学学会会议论文集,2013.
[101] 徐春英,梅旭荣,李玉中,等.N-新戊酰,O-异丙醇酯衍生法分析小麦氨基酸含量与碳氮稳定同位素[J].中国农学通报,2010,26(12):51-56.
[102] 徐春英,李玉中,梅旭荣,等.小麦籽粒氨基酸碳氮稳定同位素的测定与分析[J].中国农业科学,2009,42(2):446-453.
[103] 李红燕,蔡德陵,苏远峰.两种氨基酸衍生化方法的比较研究[J].海洋科学进展,2004,22(3):346-351.
[104] WALSH R G HE S N, YARNES C T. Compound-specific $\delta^{13}C$ and $\delta^{15}N$ analysis of amino acids: a rapid, chloroformate-based method for ecological studies[J]. Rapid communications in mass spectrometry, 2014,28(1):96-108.
[105] 王旭,张福松,丁仲礼.EA-Confio-IRMS 联机系统的燃烧转化率漂移及其对氮、碳同位素比值测定的影响[J].质谱学报,2006,27(2):41-42.
[106] 郑淑惠,郑斯成,莫志超.稳定同位素地球化学分析[M].北京:北京大学出社,1986.
[107] METGES C, DAENZER M. ^{13}C gas chromatography-combustion-isotoperatio mass spectrometry analysis of N-pivaloyl amino acid esters of tissue and plasma samples[J]. Analytical biochemistry, 2000,278(2):156-164.
[108] 蔡德陵,刘海珍,宋晓红,等.氨基酸在黄东海食物网关键种:鳀鱼

(Engraulis japonicus)食物链中的传递[J]. 生态学报,2008,28(2):831-835.

[109] 刘海珍,罗琳,刘道辰,等. 鳀鱼食物链氨基酸碳稳定同位素示踪研究[J]. 核农学报,2016,30(10):2005-2011.

[110] DENIRO M J,EPSTEIN S. Influence of diet on the distribution of nitrogen isotopes in animals[J]. Geochimica cosmochimica acta,1981,45(3):341-351.

[111] HORWITZ W. Official methods of analysis of AOAC international[M]. Arlington:AOAC International,2005.

[112] 李梅,王桂荣. 酸水解-氨基酸分析前处理方法的应用实践[J]. 安徽农业科学,2014,42(10):2846-2847.

[113] 谭烨辉,黄良民,尹健强,等. 海洋桡足类氨基酸组成及与饵料和光照的关系[J]. 热带海洋学报,2004,23(5):42-49.

[114] 王成刚,唐学玺,郑波,等. 臭氧处理海水对小球藻蛋白质、氨基酸和碳水化合物含量的影响[J]. 海洋科学,2001,25(2):15-17,23.

[115] 王爱英,许鹏,崔喜艳. 微拟球藻蛋白质含量和氨基酸组成分析[J]. 山东师范大学学报(自然科学版),2014,29(1):137-140.

[116] 孙谧. 几种海洋微藻的氨基酸含量[J]. 氨基酸和生物资源,1995,17(2):38-40.

[117] 黄权,孙兆和,赵静,等. 数种鱼类肌肉中氨基酸成分及含量的比较研究[J]. 氨基酸和生物资源,1996,18(1):37-40.

[118] 高煜霞,田丽霞,刘永坚. 鱼类氨基酸研究进展[J]. 广东饲料,2012,21(S1):53-57.

[119] TOMINAGA O,UNO N,SEIKAI T. Influence of diet shift from formulated feed to live mysids on the carbon and nitrogen stable isotope ratio(^{13}C and ^{15}N) in dorsal muscles of juvenile Japanese flounders,Paralichthy olivaceus[J]. Aquaculture,2003,218(1-4):265-276.

[120] REEDS P J. Dispensable and indispensable amino acids for humans[J]. The journal of nutrition,2000,130(7):1835-1840.

[121] RIMMER D W,WIEBE W J. Fermentative microbial digestion in Herbivorous fish[J]. Journal of fish biology,2010,31(2):229-236.

[122] TEECE M A, FOGEL M L. Stable carbon isotope biogeochemistry of monosaccharides in aquatic organisms and terrestrial plants [J]. Organic geochemistry, 2007, 38(3): 458-473.

[123] SILFER J A, ENGEL M H, MACKO S A. Kinetic fractionation of stable carbon and nitrogen isotopes during peptide bond hydrolysis: experimental evidence and geochemical implications [J]. Chemical geology, 1992, 101(3-4): 211-221.

[124] YOSHITO C, YUICHIRO K, NANAKO O O, et al. Metabolic control of nitrogen isotope composition of amino acids in macroalgae and gastropods: implications for aquatic food web studies[J]. Marine ecology: progress series, 2007, 342(1): 85-90.

[125] LENGELER J W, DREW G, SCHLEGEL H G. Biology of the prokaryotes[M]. New York: Blackwell Science, 1999.

[126] MCMAHON K W, POLITO M J, ABEL S. et al. Carbon and nitrogen isotope fractionation of amino acids in an avian marine predator, the gentoo penguin(pygoscelis papua)[J]. Ecology and evolution, 2015, 5 (6): 1278-1290.

[127] 梁红. 滇东湖泊水生植物和浮游生物碳、氮稳定同位素与元素的地理分布特征研究[D]. 昆明:云南师范大学, 2019.

[128] 黄亮. 黄海以鳀鱼为基础食物网中主要生物的碳、氮和磷三元素组成及脂肪酸组成特征[D]. 上海:华东师范大学, 2004.